Markiewicz

Ersatzteildisposition im Maschinenbau

Bochumer Beiträge
zur Unternehmensführung und
Unternehmensforschung

Herausgegeben von

Prof Dr. Hans Besters
Prof. Dr. Dr. h. c. Walther Busse von Colbe
Prof. Dr. Werner Engelhardt
Prof. Dr. Arno Jaeger
Prof. Dr. Gert Laßmann
Prof. Dr. Wolfgang Maßberg
Prof. Dr. Eberhard Schwark
Prof. Dr. Rolf Wartmann

Band 32

Institut für Unternehmungsführung
und Unternehmensforschung
der Ruhr-Universität Bochum

Michael Markiewicz

Ersatzteildisposition im Maschinenbau

Betriebswirtschaftliche Methoden der Planung und Überwachung

SPRINGER FACHMEDIEN WIESBADEN GMBH

CIP-Kurztitelaufnahme der Deutschen Bibliothek

Markiewicz, Michael:
Ersatzteildisposition im Maschinenbau: betriebswirtschaftl.
Methoden d. Planung u. Überwachung / Michael Markiewicz.

(Bochumer Beiträge zur Unternehmungsführung und
Unternehmensforschung; Bd. 32)
Zugl.: Bochum, Univ., Diss., 1986
ISBN 978-3-409-13619-8
NE: GT

© Springer Fachmedien Wiesbaden 1988
Ursprünglich erschienen beiBetriebswirtschaftlicher Verlag Dr. Th. Gabler GmbH, Wiesbaden 1988

ISBN 978-3-409-13619-8   ISBN 978-3-663-13435-0 (eBook)
DOI 10.1007/978-3-663-13435-0

Geleitwort

Lagerhaltungsmodelle blicken auf eine recht lange Vergangenheit zurück, erinnert sei nur an die „Andlersche Formel". Der Grund ist, daß man relativ einfach Sachverhalte wie Lagerzugang, Lagerabgang etc. modellieren und mit vor- und nachgeschalteten Aktivitäten (Produktion, Vertrieb) verknüpfen kann. Hierbei läßt sich die — intellektuelle — Komplexität durch „high-sophisticated" Lagerbetrachtungen sowie durch Kombination mit Produktionsmodellen, Prognosemodellen u. ä. beliebig steigern, so daß letztlich gerade mathematische Wunderwerke entstehen. Deren mathematischer Aufwand auf der einen Seite und deren hoher Abstraktionsgrad (= Entfernung von der Realität) auf der anderen Seite verhindern jedoch in der Regel den praktischen Einsatz im Betrieb mit der Konsequenz: es finden „Quick-and-Dirty"-Methoden Anwendung, die viel an Effektivität verschenken. Die nachstehende Arbeit ist zwischen diesen beiden Extremen angesiedelt. Sie wurde angeregt durch einen Betrieb (ein Unternehmen) mit dem Bedürfnis, seine historisch gewachsene Lagerdisposition etc. zu verbessern, und sie gipfelt in einem von diesem gebilligten praktikablen, dennoch aber wissenschaftlich fundierten Vorschlag. Hierbei löst sich die Arbeit von den speziellen Gegebenheiten des besagten Betriebes, d. h. es wird ein generelles „System" entwickelt.

Neben dieser kurz skizzierten Position der vorgelegten Arbeit in der Landschaft der Lagerhaltungsmodelle weist sie zudem zwei Besonderheiten auf. Zum einen: das Lager wird nicht — quasi vorgeschaltet — aus der Sicht des Konsumenten betrachtet, sondern es handelt sich — nachgeschaltet — um das Lager eines Produzenten, der unter Berücksichtigung seiner eigenen Fertigung die Kunden mit Ersatzteilen bedienen muß (in der Literatur bisher nur unzureichend behandelt). Zum anderen: der Praktikabilität wegen — mehrere tausend Produkte (Ersatzteile) unterschiedlichster Größe, Menge, Bewegung und Fertigungstiefe sind zu betrachten — ist aus der Sicht der Lagerverwaltung nur ein Bestellpunktverfahren akzeptabel (Auslösen einer Bestellung vom Lager her); das Modell bzw. das zu installierende System sieht daher an seiner „Oberfläche" wie ein solches aus.

Aus dem Gesagten geht hervor: der Verfasser legt mit seinem Vorschlag nicht lediglich ein weiteres Lagerhaltungsmodell vor; vielmehr geht er — im Blick auf den praktischen Einsatz und auf die Situation als Produzenten-Endlager — besondere Wege, letzteres im Sinne eines Regelsystems. Schließlich sei noch erwähnt, daß das Arbeiten dieses Systems über eine Simulation mit Zahlen der Praxis erprobt wurde. Dies alles sind gute Gründe, die nachstehenden Ausführungen als einen Gewinn zu sehen, und zwar einen Gewinn für Praxis und Wissenschaft gleichermaßen.

ROLF WARTMANN

Vorwort

Die Problematik der Ersatzteilbewirtschaftung beim Hersteller von Produktionsanlagen hat in der betriebswirtschaftlichen Literatur bislang wenig Beachtung gefunden. Aus der Unvorhersehbarkeit des einzelnen Ausfalls wird zumeist gefolgert, daß sich diese Problematik einer analytischen Behandlung weitgehend entzieht. Die vorliegenden Beiträge beschränken sich entweder ganz auf die Beschreibung der qualitativen Nachfragestruktur und leiten allgemeine Lagerhaltungsprinzipien daraus ab oder verweisen auf den Einsatz von EDV-Systemen zur Ersatzteillagerdisposition. Die in den Software-Paketen der EDV-Hersteller angebotenen Standarddispositionssysteme liefern jedoch für den stark unregelmäßigen Ersatzteilbedarf nur unzureichende Ergebnisse, da sie implizit einen gleichmäßigen
Verlauf der Nachfrage unterstellen.

Das Fehlen anwendungsbezogener, quantitativ orientierter, EDV-gestützter Dispositionskonzepte für die Bereitstellung von Ersatzteilen lieferte den Ansatzpunkt
für die durchgeführten Untersuchungen. In dieser Arbeit wird ein Dispositionsmodell entwickelt, das für den Spezialfall der Ersatzteillagerhaltung die quantitative
Grundlage liefert, um bei unzureichenden Informationen rational unterstützte Lagerhaltungsentscheidungen treffen zu können.

Mein besonderer Dank gilt zunächst meinem akademischen Lehrer, Herrn Professor Dr. Rolf Wartmann, der diese Arbeit in vielfältiger Weise unterstützte und
nachhaltig förderte. Dank für kritische Bemerkungen und fruchtbare Anregungen
gebührt in gleichem Maße auch Herrn Professor Dr. Gerd Laßmann, der das Kor-
referat zur Dissertation übernahm.

Außerordentlich hilfreich waren die vielen Diskussionen mit Kollegen und Freun-
den am Seminar für theoretische Wirtschaftslehre der Ruhr-Universität Bochum.
Der starke Praxisbezug der Arbeit resultiert aus einer intensiven Projektarbeit bei
der Firma Eickhoff in Bochum.

Zu Dank verpflichtet bin ich schließlich der Alwin-Reemtsma-Stiftung für die Förderung des Forschungsprojektes sowie dem Direktorium des Institutes für Unternehmungsführung und Unternehmensforschung und dem Gabler-Verlag für die
Aufnahme in die Schriftenreihe.

Das Manuskript wurde im September 1986 abgeschlossen.

MICHAEL MARKIEWICZ

Inhaltsverzeichnis

Abbildungsverzeichnis

Tabellenverzeichnis

1 Einführung

1.1 Problemstellung

Die in dieser Arbeit behandelte Fragestellung der Bedarfsermittlung und Disposition von Ersatzteilen aus der Sicht des Herstellers trat als reales Problem bei einem in Bochum ansässigen Maschinenbauunternehmen auf und lieferte den Ausgangspunkt für die durchgeführten Untersuchungen. Aus diesem Grund wird zur Einführung in die Problemstellung in einem ersten Abschnitt die Lagerhaltungssituation bei dem Maschinenhersteller beschrieben.

1.1.1 Ersatzteilversorgung bei einem Hersteller von Bergbaumaschinen

Das betrachtete Unternehmen stellt Gewinnungsmaschinen für den Kohlebergbau her, die nach ihrem Funktionsprinzip als Walzenlader bezeichnet werden. Diese Bergbaumaschinen schneiden mit auf einer Walze befestigten Schrämmeißeln die Kohle aus dem Flöz und laden sie gleichzeitig auf ein Transportband.

Aufgrund der hohen mechanischen Beanspruchung unterliegen viele Bauteile dieser Walzenlader einem starken Verschleiß, der zu einem sukzessiven, teilweise auch plötzlichen Verlust der Funktionsfähigkeit führt. Der Ausfallzeitpunkt der einzelnen Komponenten wird in hohem Maße von Zufallseinflüssen geprägt und ist daher weitgehend unvorhersehbar. Aufgrund des stark modularen Konstrukionskonzeptes der Walzenlader erfolgt die Instandsetzung zum großen Teil durch Austausch der beschädigten Bauelemente gegen funktionsgleiche Ersatz-

teile. Die zur Durchführung dieser Instandhaltungsmaßnahmen benötigten Ersatzteile sind, soweit es sich
nicht um Standard- oder Normteile oder Teile von spe-
zialisierten Drittanbietern handelt, zum größten Teil
nur direkt vom Hersteller zu beziehen.

Aus dem Funktionsausfall einzelner Elemente der Walzenlader ergibt sich für die Zeit der Instandhaltung häufig eine Unterbrechung des Produktionsprozesses im
Bergbaubetrieb. Aufgrund sehr hoher Stillstandskosten
richtet sich das Interesse der Bergbaubetriebe auf eine
kurze Instandhaltungsdauer. Zur schnellen Erbringung
der Instandhaltungsleistung bedarf es neben der Bereitstellung von ausreichend Instandhaltungskapazität einer leistungsfähigen Versorgung mit Ersatzteilen.

In den Instandhaltungswerkstätten selbst werden nur
besonders verschleißträchtige oder geringwertige Ersatzteile bevorratet, um ohne Zeitverzug zur Verfügung
zu stehen. Die meisten Ersatzteile werden im Bedarfsfall direkt von einem zentralen Ersatzteillager des
Herstellers bezogen, das sich am Standort des Maschinenbauunternehmens befindet. Soweit die Ersatzteile
nicht in der Instandhaltung bevorratet und langfristig
nachdisponiert werden, ergibt sich für das Zentrallager
eine weitgehend unvorhersehbare Nachfrage, die sehr
unregelmäßig auftritt und zudem mit einer hohen Dringlichkeit versehen ist.

Aufgrund der Anforderungen der Maschinenverwender an
eine schnelle Bereitstellung der Ersatzteile wird vom
Maschinenbauunternehmen eine hohe Verfügbarkeit der
Ersatzteillagerbestände angestrebt. Um bei unvorherseh-
barem unregelmäßigen Bedarf eine hohe Versorgungs-
sicherheit zu gewährleisten, muß für jede Ersatzteilposition im Zentrallager ein hoher Sicherheitsbestand
vorgehalten werden.

Dieses Zentrallager umfaßt mehr als 30.000 verschiedene Ersatzteile, die im Mittel bis 15 Jahre nach Produktionseinstellung bevorratet werden. Extrem lange Herstellzeiten und die hohe Wertigkeit vieler Ersatzteile führen zu einer hohen Kapitalbindung.

Das Dispositionsproblem im Ersatzteillager besteht nun in der Auswahl der Bestellregel an die eigene Produktion zur Lagerauffüllung und der quantitativen Festlegung der Bestellparameter. Dabei sind sowohl die Anforderungen der Bergbaubetriebe nach Sicherung einer hohen Verfügbarkeit als auch die aus der Lagerhaltung entstehende Kostenbelastung zu berücksichtigen. Zur zielgerichteten Festlegung von Zeitpunkt und Umfang der Lagerauffüllung sind neben einer Bedarfsprognose Kenntnisse über die quantitativen Beziehungen zwischen den Dispositionsparametern, der Kostenentwicklung und der Verfügbarkeit erforderlich.

In dem betrachteten Unternehmen wurde bislang lediglich die Bestandsführung und die Auftragsabwicklung von der EDV unterstützt. Die Parameter der Disposition wurden dagegen von einzelnen Disponenten, von denen jeder ein Sortiment von mehreren tausend Teilen betreut, aufgrund des Gesamtbedarfs des Vorjahres, der Wertigkeit der Ersatzteile und allgemeiner Vorgaben hinsichtlich der Bestellhäufigkeit festgelegt. Diese globalen Informationen zur Festlegung der Parameter erwiesen sich als nicht hinreichend. Aufgetretene Verfügbarkeitsprobleme bei vielen Ersatzteilen sowie offensichtlich überhöhte Lagerbestände für andere Ersatzteilpositionen waren der Grund für die Einrichtung eines Forschungsprojektes, das der Entwicklung eines möglichst günstigen Lagerdispositionssystems für den speziellen Bereich der Ersatzteilversorgung diente.

1.1.2 Gegenstand der vorliegenden Arbeit

Die Problematik der Ersatzteilbewirtschaftung beim Hersteller von Produktionsanlagen hat in der betriebswirtschaftlichen Literatur[1] bislang wenig Beachtung gefunden. Aus der Unvorhersehbarkeit des einzelnen Ausfalls wird zumeist gefolgert, daß sich diese Problematik einer analytischen Behandlung weitgehend entzieht. Die vorliegenden Beiträge beschränken sich entweder ganz auf die Beschreibung der qualitativen Nachfragestruktur und leiten allgemeine Lagerhaltungsprinzipien daraus ab[2] oder verweisen auf den Einsatz von EDV-Systemen zur Ersatzteillagerdisposition[3]. Die in den Software-Paketen der EDV-Hersteller angebotenen Standarddispositionssysteme[4] liefern jedoch für den stark unregelmäßigen Ersatzteilbedarf nur unzureichende Ergebnisse, da sie implizit einen gleichmäßigen Verlauf der Nachfrage unterstellen.[5]

In der Literatur wird die Lagerhaltung von Ersatzteilen vielmehr oft als Teilproblem der Instandhaltungsplanung beim Verwender von Produktionsanlagen betrachtet.[6] Die in diesem Zusammenhang durchgeführten Untersuchungen über das Ausfallverhalten und die Standzeiten von Teilen und Baugruppen wurden als Basis für die Instandhaltungsplanung verwendet.

Unabhängig von der spezifischen Situation eines Ersatzteillagers beim Hersteller finden sich Lagerhaltungsmodelle für stochastischen Bedarf in der Operations Research Literatur. Beim Studium dieser Veröffentlichungen zur Lagerdisposition wird man von der Diskrepanz

---

1) Vgl. MEFFERT (1982).
2) Vgl. BENNEWITZ (1968).
3) Vgl. KONRAD (1974).
4) Z.B. IMPACT (IBM); HOREST (SIEMENS); SCAN (ICL).
5) Vgl. SCHNEIDER (1979, S. 120).
6) Vgl. RENKES (1974); REDEKER (1973); KROESEN (1983).

vieler Modelle zu den in der Realität auftretenden
Lagerhaltungssituationen überrascht.[1]

Die Mehrheit der Modelle für die Lagerbewirtschaftung
stammt offensichtlich von Autoren der theoretisch-
mathematisch orientierten Grundlagenforschung, welche
ihre Aufgabe darin sehen, neue mathematisch einwand-
freie und im wissenschaftlichen Sinne exakte Modelle
und Verfahren zu entwickeln. Ausgangspunkt dieser
Ansätze sind oft keine praktischen Lagerhaltungssituationen, die in einer Systemanalyse zu erfassen und dann
durch ein problemadäquates Modell zu beschreiben sind.
Vielmehr legen die Verfasser ihren Untersuchungen
selbstdefinierte Standardlagerhaltungssituationen
zugrunde, die häufig den Realitätsbezug vermissen
lassen. Die darauf aufbauenden Einprodukt-Lagerhal-
tungsmodelle basieren auf einem Kostenminimierungsansatz, mit dem optimale Bestellstrategien berechnet
werden. Zur Erfüllung ihrer Aufgabe benötigen sie
Informationen über den Verlauf der Periodennachfrage,
über die Länge der Wiederbeschaffungszeit sowie über
die mit dem Betrieb eines Lagers verbundenen Kosten. In
diesen Modellen wird regelmäßig davon ausgegangen, daß
alle entscheidungsrelevanten Informationen in aus-
reichendem Umfang zur Verfügung stehen.[2]

In der Praxis sind die in den Modellannahmen vorausge-
setzten Kostenabhängigkeiten häufig nicht gegeben, oder
die benötigten Kostengrößen können nicht hinreichend
genau ermittelt werden. Insbesondere bereitet die korrekte Bestimmung der in den meisten Lagerhaltungsmodellen verwendeten Fehlmengenkosten in realen Ersatzteil-
lagerhaltungssituationen oft unüberwindliche Schwierig-

---

1) Vgl. SCHNEEWEIß (1981, S.1).
2) Vgl. TEMPELMEIER (1983, S. 192).

keiten. Zudem kann der Nachfrageprozeß von Ersatzteilen durch mathematische Wahrscheinlichkeitsverteilungen zumeist nur approximativ dargestellt werden, so daß wegen der Sensitivität der Dispositionsparameter auf Änderungen der Strukturgrößen der Anspruch auf Bestimmung optimaler Strategien aufgegeben werden muß.

Die Kostenminimierungsmodelle zur Berechnung optimaler Dispositionsparameter sind daher in realen Lagerhaltungssituationen häufig nur beschränkt anwendbar. Angesichts dieser Schwierigkeiten ist es nicht verwunderlich, daß in der Praxis oft auf den Einsatz dieser Modelle verzichtet wird. Man arbeitet dann nicht selten mit Erfahrungsgrößen für Bestellmenge und Sicherheitsbestände.

Das Fehlen anwendungsbezogener, quantitativ orientierter, EDV-gestützter Dispositionskonzepte für die Bereitstellung von Ersatzteilen lieferte den Ansatzpunkt für die durchgeführten Untersuchungen. In dieser Arbeit wird ein Dispositionsmodell entwickelt, das für den Spezialfall der Ersatzteillagerhaltung die quantitative Grundlage liefert, um bei unzureichenden Informationen rational unterstützte Lagerhaltungsentscheidungen treffen zu können.

1.2 Gang der Untersuchung

Die vorliegende Arbeit über die Bedarfsermittlung und Disposition von Ersatzteilen aus der Sicht des Herstellers von Produktionsanlagen gliedert sich in sechs Kapitel.

Zu Beginn erfolgt zunächst die Definition einiger zentraler Begriffe. Um die Problemstellung dieser Arbeit einzugrenzen, werden danach das betriebliche Tätigkeitsfeld der Ersatzteilversorgung unter Einbeziehung der organisatorischen Rahmenbedingungen beschrieben und die Bedeutung der Ersatzteilversorgung für den Hersteller aus ihren Auswirkungen auf den Unternehmenserfolg abgeleitet.

Die Grundlage aller dispositiven Entscheidungen in der Lagerhaltung bildet eine Prognose des zukünftigen Bedarfs. Daher werden im nächsten Kapitel die wesentlichen Einflußfaktoren der Nachfrage herausgearbeitet und verschiedene Prognoseansätze vorgestellt, die diese Bestimmungsfaktoren in expliziter Form berücksichtigen.

Das vierte Kapitel beschäftigt sich mit der modellmäßigen Erfassung der Ziele der Ersatzteillagerhaltung. Dazu wird zunächst auf die Problematik der Bestimmung entscheidungsrelevanter Kostensätze aus den Informationen des betrieblichen Rechnungswesens eingegangen. Das in den meisten Lagerhaltungsmodellen unterstellte Kostenminimierungskonzept liefert für die Ersatzteillagerhaltung keine adäquate Zielformulierung, da insbesondere eine rationale Fehlmengenkostenermittlung nicht durchführbar ist. Daher werden operationale Unterziele abgeleitet, die Hilfskriterien zur oberzielkonformen Bewertung der Lagerhaltungssituation darstellen.

Im fünften Kapitel wird ein Modell zur Lagerdisposition hergeleitet, das aufbauend auf den entwickelten Unterzielen der Ersatzteillagerhaltung die Berechnung operationaler Dispositionsparameter ermöglicht.

Das entwickelte Dispositionskonzept für die Ersatzteilbewirtschaftung wurde auf empirische Nachfrageverläufe angewendet. Die dabei erzielten Resultate werden im 6. Kapitel vorgestellt und analysiert.

In einer abschließenden Schlußbetrachtung werden noch einmal die wesentlichen Arbeitsergebnisse dieser Untersuchung zusammengefaßt.

2 Grundlagen

2.1 Begriffe und ihre Abgrenzungen

Gegenstand dieses Abschnittes ist die Klärung einiger
Begriffe, die für den weiteren Verlauf der Untersuchung
von Bedeutung sind.

2.1.1 Produktionsanlagen

Ein Austauschen von Elementen kommt nur für Sachgüter
in Betracht, die in einem Produktionsprozeß der zusam-
menfügenden Fertigung erstellt wurden und nur insoweit,
als die zu ersetzenden Elemente lösbar mit dem Gesamt-
produkt verbunden sind. Nur dann lassen sich die auszutauschenden Gegenstände aus dem Gesamtgefüge entfernen
und die neuen Gegenstände durch Wiederherstellen der
ehemaligen Verbindungen in das Sachgut einfügen.
Andernfalls sind beim Ersetzen zwangsläufig zusätzliche
Verbindungen zu schaffen, die das Gesamtgefüge des Pro-
dukts verändern.[1]

Darüberhinaus wird sich für Produkte, die nur zum ein-
maligen Gebrauch bestimmt sind, bis auf Sonderfälle
(Funktionsunfähigkeit bei Fertigstellung) keine Notwen-
digkeit zum Auswechseln einzelner Komponenten ergeben.
Das teilweise Ersetzen erweist sich vielmehr - sowohl
in privaten Haushalten als auch in Unternehmungen - für
langlebige Gebrauchsgüter als relevant. In dieser
Arbeit wird überwiegend auf Produktionsanlagen in
Unternehmungen abgestellt, die im weiteren auch synonym

---

1) Vgl. MÄNNEL (1968, S. 41).

als Anlagen bezeichnet werden. Unter dem Begriff Produktionsanlagen werden alle Sachgüter zusammengefaßt, die sukzessive genutzt werden können, dabei in der Lage sind, eine Vielzahl von Leistungen abzugeben und einer Unternehmung langfristig zur Verfügung stehen.[1]

Produktionsanlagen bestehen in der Regel aus mehreren Teilsystemen, die sich ihrerseits aus einer Vielzahl von Anlagenbaueinheiten oder Anlagenelementen zusammensetzen können. Jede dieser Anlagenkomponenten erfüllt eine für die Einsatzfähigkeit der Gesamtanlage wesentliche Funktion. Eine Anlage kann nur als ganzeinheitliches Gefüge genutzt werden, da ein teilweiser Einsatz ohne Einschränkung der Funktionsfähigkeit nicht möglich ist.[2]

2.1.2 Anlagenverschleiß

Die einzelnen Elemente einer Produktionsanlage erleiden insbesondere während der aktiven Anlagennutzung Veränderungen ihrer stofflichen Beschaffenheit, die als Abnutzung oder Verschleiß bezeichnet werden. In der technischen Literatur[3] wird überwiegend zwischen den Begriffen Abnutzung und Verschleiß unterschieden. Eine solche Differenzierung erscheint für betriebswirtschaftliche Fragestellungen nicht erforderlich und wird

---

1) Vgl. MÄNNEL (1980, S. 2145).
2) Vgl. KROESEN (1983, S. 15).
3) Vgl. HOLZMANN (1978, S. 30 f.). Abnutzung als Oberbegriff umfaßt auch Zustandsveränderungen durch chemische oder elektrochemische Wirkungen, während mit dem Begriff Verschleiß lediglich die Oberflächenveränderungen von festen Stoffen infolge von mechanischer Beanspruchung abgedeckt wird.

in der Literatur[1] auch nicht vorgenommen. Die Begriffe Abnutzung und Verschleiß werden daher synonym verwendet.

Der Verschleiß an den Anlagenelementen äußert sich in Veränderungen der Oberflächenbeschaffenheit oder der inneren Struktur dieser Teile. Diese Abnutzungserscheinungen beeinträchtigen die Wirkungsweise der betroffenen Elemente im Anlagengefüge und führen letztlich zum vollständigen Verlust der Funktionsfähigkeit der einzelnen Elemente.

Der Verschleiß an einzelnen Bauelementen bewirkt Veränderungen der Leistungsfähigkeit der Gesamtanlage, die als Anlagenverschleiß bezeichnet werden. Infolge dieses Anlagenverschleißes ist die volle Funktionsfähigkeit der Anlagen somit nur zeitlich begrenzt gegeben.

2.1.3 Instandhaltungsmaßnahmen

Da sich der Verschleiß an den einzelnen Anlagenelementen mit unterschiedlicher Geschwindigkeit vollzieht und die Leistungsfähigkeit der Gesamtanlage vom Verschleiß eines einzigen Bauteils stark beeinträchtigt werden kann, obwohl die Mehrzahl der anderen Bauelemente noch funktionstüchtig ist, werden aus Wirtschaftlichkeitsüberlegungen an der Anlage Maßnahmen durchgeführt, die der Hemmung oder Beseitigung des Anlagenverschleißes dienen.[2] Zielsetzung dieser als Instandhaltungsmaßnahmen bezeichneten Tätigkeiten ist die Erhaltung oder

---

1) Vgl. MÄNNEL (1968, S. 30); STEFFEN (1973, S. 57).
2) Vgl. STEFFEN (1973, S. 57 f.).

Wiederherstellung der ursprünglichen Leistungsfähigkeit der Anlage.[1]

Die Instandhaltungsmaßnahmen werden nach ihren Arbeitsinhalten weiter in Inspektions-, Wartungs- und Instandsetzungsarbeiten gegliedert.[2] Inspektionen dienen der Feststellung der Leistungsfähigkeit von Anlagen bzw. des bereits eingetretenen Anlagenverschleißes. Unter dem Begriff Wartung werden alle verschleißhemmenden Tätigkeiten zusammengefaßt, die die Aufgabe haben, den Verschleiß zu verhindern oder hinauszuzögern. Die Beseitigung bereits eingetretener Verschleißerscheinungen an Anlagenelementen bezeichnet man als Instandsetzung. Tätigkeiten der Instandsetzung werden weiter differenziert in Reparaturen, die durch Ausbesserung Abnutzungserscheinungen beseitigen, und austauschende Reparaturen, bei denen abgenutzte Anlagenbauteile durch funktionsfähige Elemente ersetzt werden.

2.1.4 Ersatzteil

Elemente, die im Rahmen von Instandsetzungsmaßnahmen zum Austausch gegen entsprechende Bauteile oder Baugruppen einer Produktionsanlage bestimmt sind, werden als Ersatzteile bezeichnet.

Bezogen auf den Instandsetzungsprozeß handelt es sich bei den Ersatzteilen um Elementarfaktoren, die mit der Erbringung der Instandhaltungsleistung (austauschende Reparatur) verbraucht werden. Aus Sicht der Instandhaltung stellen sie demnach Verbrauchsfaktoren dar.

---

1) VgL. MÄNNEL (1968, S. 38 ff.).
2) Vgl. KROESEN (1983, S. 28).

Abzugrenzen von den Ersatzteilen sind diejenigen Verbrauchsfaktoren der Instandhaltung, die als Instandhaltungshilfsstoffe zur Durchführung von Wartungsarbeiten erforderlich sind (z.B. Öle, Fette, Reinigungsstoffe).

In Literatur[1] und Praxis[2] werden häufig Elemente, die nur der Verbindung und Sicherung von Anlagenteilen dienen (z.B. Schrauben, Kabel, Dichtungen) und bei der Instandsetzung ausgetauscht werden, ebenfalls den Instandhaltungshilfsstoffen zugerechnet. Einer Ausgliederung dieser Teile aus dem Ersatzteilbegriff liegen jedoch weder technische noch verwendungsbezogene Kriterien zugrunde. Vielmehr mißt man ihnen wegen ihrer verhältnismäßig vielseitigen Verwendungsmöglichkeit, ihrer gewöhnlich leichten und schnellen Beschaffbarkeit und ihres oft geringen Wertes keine große Bedeutung bei und bevorratet sie nach groben Dispositionsrichtlinien.

Da diese Anlagenelemente im Rahmen von Instandsetzungsmaßnahmen aufgrund des Anlagenverschleißes ausgetauscht werden, sind sie sehr wohl unter den Ersatzteilbegriff zu fassen, aber für die hier vorgenommenen Untersuchungen nur von untergeordnetem Interesse.

Auch Teile, die dem Ersatz von häufig auszuwechselnden Anlagenelementen (z.B. schnellverschleißende Werkzeuge) dienen, sind als Ersatzteile einzustufen, wenn der Austausch im Rahmen von Instandsetzungsmaßnahmen erfolgt. Die Tatsache, daß die entsprechenden Anlagenteile etwa unmittelbar an der Bearbeitung von Materialien beteiligt sind,[3] stellt für sich allein kein sinnvolles Abgrenzungskriterium gegenüber Ersatzteilen dar.

---

1) Vgl. KALTHEGENER (1958, S. 15).
2) Vgl. RENKES (1974, S. 88).
3) Vgl. KALTHEGENER (1958, S. 15).

Ein wesentlicher Aspekt der hier verwendeten Definition
des Begriffs Ersatzteil ist darin zu sehen, daß nicht
ein Verlust oder eine Beschädigung des auszutauschenden
Bauteils als notwendig vorausgesetzt werden[1]. Vielmehr
sind auch diejenigen Teile erfaßt, die im Rahmen vorbeugender Instandsetzungsmaßnahmen Verwendung finden.

Die Einstufung eines Teils als Ersatzteil kann erst
dann erfolgen, wenn seine Zweckbestimmung zum Ersetzen
im Rahmen von Instandsetzungsmaßnahmen festliegt. In
Abhängigkeit von der Verwendungsvielfalt des Teiles und
den organisatorischen Gegebenheiten kann dieser Zeitpunkt bereits mit dem Herstellungszeitpunkt zusammen-
fallen oder erst unmittelbar vor dem eigentlichen Austauschprozeß angesiedelt sein. Führt ein Hersteller von
Anlagen zugleich auch Instandsetzungsmaßnahmen durch
und bevorratet Bauteile für die Anlagenfertigung und
Instandhaltung gemeinsam, so ist für die Dauer der
Lagerung eine Differenzierung der Teile nach dem Verwendungszweck nicht möglich. Werden dagegen Teile speziell zur Verwendung im Instandhaltungsprozeß gefertigt
und in einem eigenen Teilelager bevorratet, so stellen
sie bereits im Produktionszeitpunkt Ersatzteile dar.

Als Ersatzteile sind auch vorgefertigte oder vorbear-
beitete Teile zu bezeichnen, die vor dem Austausch für
eine spezielle Anlage endgefertigt bzw. angepaßt
werden. Hintergrund dieser Vorgehensweise ist die
Tatsache, daß viele Teile verschiedener Anlagentypen
nahezu identisch sind und nur in einigen speziellen
Einzelheiten voneinander abweichen. Zur Verminderung
der Kapitalbindung durch Bevorraten eines jeden Ersatz-
teiltyps wird insbesondere bei hochwertigen, selten

---

1) Vgl. DIN 24420, September 1976.

nachgefragten Teilen ein noch universell verwendbares
Zwischenprodukt der Fertigung gelagert und erst nach
Auftreten des Bedarfs zum spezifischen Ersatzteil
weiterverarbeitet. Unabhängig vom Fertigstellungsgrad
stellt dieses Teil nach der hier verwendeten Definition
zum Zeitpunkt der Lagerung ein Ersatzteil dar, wenn der
Verwendungszweck festliegt.-

Prinzipiell kann damit sowohl jedem Anlagenelement als
auch jeder Zusammenfügung einzelner Elemente (sog.
Baugruppen), die an einer Anlage austauschbar sind, ein
entsprechendes Ersatzteil zugeordnet werden.[1] Der
Austausch von Baugruppen im Rahmen von Instandhaltungsmaßnahmen durch entsprechende Ersatzteile ist allerdings abzugrenzen von Austauschmaßnahmen, die der Anlagenerneuerung dienen. Dieser Differenzierung des
Austauschprozesses liegt die aus der betrieblichen
Erfolgsrechnung notwendige Unterscheidung zwischen Maßnahmen zur Anlagenunterhaltung bzw. Anlagenerneuerung
zugrunde. Wird eine Anlage durch eine andere, in der
Regel neue ersetzt, so liegt Anlagenerneuerung vor und
der Anlagenneuzugang ist zu aktivieren. Beim Ersetzen
eines Bauteils einer Anlage durch ein entsprechendes
Ersatzteil sind die Kosten des Ersatzteils dagegen als
Anlagenunterhaltungskosten zu betrachten. Problematisch
wird eine Abgrenzung zwischen beiden Ersetzungsprozes-
sen, wenn die technologisch zusammenhängende Anlage ein
sehr komplexes Gefüge darstellt und komplette Teil-
systeme ausgetauscht werden. Daher gliedert man die
Anlage in funktionstechnisch zusammenhängende Anlageneinheiten, die dann selbständig aktivierungsfähige
Einheiten der Anlage darstellen.[2] Anlagenerneuerung
liegt bereits dann vor, wenn eine so definierte Anla-

---

1) Vgl. HEILIG/GERKE (1973, S. 1115).
2) Vgl. SCHULZ (1951, S. 338 ff.).

geneinheit in ihrer Gesamtheit ersetzt wird. Den Austausch einzelner Komponenten von Anlageeinheiten dagegen rechnet man zur Instandsetzung.

In der praktischen Durchführung erweist sich eine Aufgliederung komplexer Anlagen in Anlageneinheiten als
keineswegs eindeutig. Einige Ansätze in der Literatur[1]
versuchen, mit dem Kriterium der selbständigen Nutzbar-
keit Ersatzteile von Anlageneinheiten zu trennen. Damit
wird die für die Erfolgsrechnung notwendige Differenzierung an technische Kriterien gebunden. Ein solches
Vorgehen scheitert zumindest dann, wenn die Ersatzteile
in einer anderen Verwendung durchaus selbständig Nutzen
erbringen.

Eine eindeutige Festlegung der Anlageneinheiten, die
als Grundlage für eine präzise Differenzierung zwischen
Anlagenerneuerung und Anlagenunterhaltung anzusehen
ist, erweist sich lediglich für die zeitliche Erfolgsrechnung des Anlagenverwenders von Bedeutung. Aus der
übergeordneten Sicht des Herstellers von Ersatzteilen
wird deshalb auf eine weitergehende Unterscheidung
verzichtet.

Die Verwendung von Ersatzteilen im Rahmen von Instandsetzungsarbeiten zur Erhaltung bzw. Wiederherstellung
der ursprünglichen Leistungsfähigkeit einer Anlage
beschränkt den Ersatzteilbegriff zunächst auf Neuteile,
die mit dem zu ersetzenden Teil hinsichtlich Funktion
und Qualität im Originalzustand übereinstimmen. Jedoch
ist es üblich, Bauteile, die bereits Verwendung gefunden haben, dann ausgetauscht und aus Wirtschaftlichkeitsüberlegungen überarbeitet und dem Instandhaltungsprozeß als generalüberholte Teile wieder zugeführt
wurden, ebenfalls als Ersatzteile zu bezeichnen. Dabei

---

1) Vgl. KROESEN (1983, S. 132); KALTHEGENER (1958, S. 14).

wird unterstellt, daß die hergerichteten Teile im wesentlichen die Funktionsfähigkeit eines Neuteils aufweisen. Eine Eingrenzung des Ersatzteilbegriffs auf neuwertige Teile würde der praktischen Handhabung entgegenstehen.

Dagegen ist der Ersetzungsprozeß als Instandhaltungsmaßnahme durch idealtypisch funktions- und baugleiche, neuwertige Teile zu unterscheiden von Austauschmaßnahmen, die durch Verwendung abweichender Teile eine Veränderung des Anlagengefüges bewirken. Mit diesen Maßnahmen der Anlagenwirtschaft, die der Erweiterung, Verbesserung und Modernisierung von Anlagen dienen, wird die Leistungsfähigkeit einer Anlage über das ursprünglich vorhandene Maß verbessert. Eine Abgrenzung zur Anlagenunterhaltung ergibt sich daraus, daß diese Maßnahmen nicht primär durch den Anlagenverschleiß, sondern vom technischen Fortschritt oder einer Änderung der Leistungsanforderung an die Anlage veranlaßt werden.

Darüberhinaus sind nach dem Baukastenprinzip konstruierte Anlagen häufig darauf ausgelegt, daß sie durch den Austausch von Teilen den individuellen Leistungsanforderungen auch nachträglich zu einem späteren Zeitpunkt angepaßt werden können. Die für solche Austauschmaßnahmen erforderlichen Teile sind bei ihrem erstmaligen Einbau nicht als Ersatzteile einzustufen, sondern erst dann, wenn die gleichen Teile im Rahmen von Instandsetzungsarbeiten an der erweiterten Anlage erneut benötigt werden. Da der Hersteller in der Regel den Verwendungszweck beim Verwender nicht kennt, wird auf eine entsprechende Differenzierung der Nachfrage verzichtet.

Die praktische Durchführung einer Begriffsabgrenzung zwischen Modernisierungs- und Instandhaltungsarbeiten stößt darüberhinaus auf große Schwierigkeiten, da beide Gruppen von Maßnahmen vielfach in einer sehr engen Verbindung stehen. Die Ausführung von Instandsetzungsmaßnahmen wird häufig als Gelegenheit benutzt, um durch erweitertes Wissen über Werkstoffe und Konstruktion der Anlagenbauteile oder über verfahrenstechnische Zusammenhänge die Qualitätsmerkmale der Anlage zu verbessern. Gleichzeitig fließen Erkenntnisse der Schwachstellenanalyse in Form konstruktiv geänderter Ersatzteile direkt in den Instandsetzungsprozeß ein.

2.2 Ersatzteilversorgung als Problemstellung beim Hersteller von Anlagen

Aufgrund des Anlagenverschleißes ergibt sich für Produktionsanlagen ein Bedarf an Ersatzteilen, den in vielen Fällen nur der Hersteller zu befriedigen vermag. Der Verwender einer Anlage hat ein berechtigtes Interesse, während der Nutzungszeit mit den benötigten Ersatzteilen versorgt zu werden. Auch der Hersteller wird allein im Hinblick auf den zukünftigen Absatz seiner Anlagen daran interessiert sein, eine Versorgung mit Ersatzteilen sicherzustellen.

2.2.1 Das betriebliche Tätigkeitsfeld der Ersatzteilversorgung

In diesem Abschnitt wird das betriebliche Tätigkeitsfeld der Ersatzteilversorgung beim Hersteller dargestellt, um so die Problemstellung dieser Arbeit weiter einzugrenzen.

2.2.1.1 Organisation der Ersatzteilversorgung

Die Ersatzteilversorgung des Herstellers umfaßt alle
Tätigkeiten im Zusammenhang mit der Erfüllung des Ersatzteilbedarfs bezüglich der von ihm erstellten Produktionsanlagen.

Zur Versorgung der Betreiber der Anlagen mit Ersatzteilen unterhält der Hersteller in der Regel mehrere
Ersatzteilläger, die ein hierarchisch strukturiertes
System bilden. Die Gesamtheit aller vom Hersteller
kontrollierten Ersatzteilläger sowie die organisatorischen Beziehungen zwischen ihnen wird unter dem Begriff Ersatzteilversorgungssystem zusammengefaßt.

Jedes Versorgungssystem besteht zumindest aus einem
Zentrallager für Ersatzteile, das in den meisten Fällen
einer Produktionsstätte für Anlagen standortmäßig ange-
gliedert ist. In mehrstufigen Versorgungssystemen
folgen auf das Zentrallager weitere Regional- oder
Gebietsersatzteilläger, die jeweils die Versorgung für
einen geographisch eingegrenzten Bereich übernehmen.
Die einzelnen Läger werden vom jeweils nächsten übergeordneten Ersatzteillager beliefert. An die unterste
Lagerstufe des Ersatzteilversorgungssystems schließen
sich ein oder mehrere Instandhaltungsbetriebe an. Aus
Gründen der jederzeitigen Verfügbarkeit und einer
schnellen Instandsetzung bevorraten sie häufig eigene
Bestände an schnellverschleißenden Ersatzteilen.

Die Struktur dieses Versorgungssystems in bezug auf die
geographische und hierarchische Gliederung wird maßgeblich von der Anzahl und der räumlichen Verteilung der
Verwender sowie der Instandhaltungsbetriebe beeinflußt.
In dieser Arbeit soll jedoch auf die vielschichtige
Problemstellung der Bestimmung von Lagerstufen, Stand-
orten und Transportverbindungen nicht näher einge-

gangen, sondern für ein vorgegebenes Versorgungssystem die Disposition der Ersatzteillagerbestände untersucht werden.

Die einzelnen Ersatzteilläger des Versorgungssystems disponieren ihr eventuell eingeschränktes Sortiment in eigener Verantwortung, wobei Bevorratungshinweise des Zentrallagers Berücksichtigung finden. Für alle unabhängig voneinander bewirtschafteten Ersatzteilläger ergibt sich, soweit sie die Verwender oder Instandhaltungsbetriebe direkt versorgen, eine ähnliche Dispositionssituation: Ein großer Teil des Bedarfs ist unvorhersehbar und von hoher Dringlichkeit geprägt; Auffüllungen des Lagers werden in Form von Lagerergänzungsaufträgen vorgenommen, die sich durch eine unter Umständen lange Lieferzeit auszeichnen.

Im Rahmen dieser Arbeit werden daher die quantitativen Aspekte der Bewirtschaftung stellvertretend an einem Versorgungssystem diskutiert, das nur aus einem zentralen Ersatzteillager besteht. Das entwickelte Dispositionsmodell läßt sich mit geringfügigen Modifikationen gleichwohl für die Bewirtschaftung der einzelnen untergeordneten Ersatzteilläger anwenden.

2.2.1.2 Ermittlung des Ersatzteilbedarfs

Die Grundlage für alle planerischen Tätigkeiten innerhalb der Ersatzteilversorgung bildet eine Prognose des zukünftigen Ersatzteilbedarfs. Dabei ist zunächst hinsichtlich des Vorhersagezeitraumes zwischen lang- und kurzfristigen Prognosen zu unterscheiden.

Langfristige Prognosen beziehen sich auf den Bedarf während der gesamten Nutzungsdauer einer Anlage oder eines Anlagenbestandes. Solche Vorhersagen, die vor-

nehmlich den Umfang des Bedarfs und nicht so sehr den
Zeitpunkt des Auftretens schätzen, sind notwendig, wenn
etwa für Auslandsaufträge ein umfassender Ersatzteil-
bestand der Anlage beizufügen ist.

Im Rahmen dieser Arbeit wird vornehmlich die Situation
eines Maschinenbauunternehmens unterstellt, bei dem die
Ersatzteilproduktion zeitlich und produktionstechnisch
nicht an die Anlagenerstellung gebunden ist. Die Ersatzteile können jederzeit, jedoch mit einer unter
Umständen sehr ausgedehnten Produktions- bzw. Beschaf-
fungszeit dem Lager zugeführt werden. Grundlage der
Dispositionsentscheidung ist eine Prognose des zu
erwartenden Bedarfs während der Lagerauffüllzeit.

Hinsichtlich dieser kurzfristigen Ersatzteilbedarfsprognose sind in zeitlicher Abfolge drei verschiedene
Phasen des Bedarfs zu unterscheiden.

Phase I beginnt, wenn eine neue Anlage des Herstellers,
die auch bisher noch nicht verwendete Bauteile enthält,
gefertigt und abgesetzt wird. Für diese neuen Bauteile
ist der Bedarfsverlauf der entsprechenden Ersatzteile
abzuschätzen und zur Grundlage der Disposition zu
machen. Empirische Informationen in Form von Bedarfs-
werten aus der Vergangenheit über das Verschleißverhalten liegen nicht vor. Für die Disposition in dieser
Phase werden zumeist Schätzungen von Experten herangezogen, die aufgrund von Erfahrungswissen mit ähnlichen
Teilen und anhand konstruktiver Merkmale der Teile eine
Vorhersage treffen.

Die Phase der Erstversorgung mit Ersatzteilen mündet
allmählich in eine zweite Phase, wenn aus der Nutzung

der Anlage erste Informationen über das Ausfallverhalten der Bauteile und die Ersatzteilnachfrage vorliegen. Darüberhinaus wird die Bedarfsprognose für einen relativ konstanten Grundbestand an Anlagen zu treffen sein. Diese Konstanz im Anlagenbestand schlägt sich jedoch nicht in der Struktur der Ersatzteilnachfrage nieder. Aufgrund der zufälligen Natur der Ausfälle und der unregelmäßigen Wiederauffüllbestellungen der Ersatzteilläger beim Verwender bzw. in der Instandhaltung weist der Bedarf im Zentrallager eine stark unregelmäßige Struktur auf. Eine Prognose des Ersatzteilbedarfs wird hier nicht primär durch zu wenig Vergangenheitsdaten, sondern vom sporadischen Auftreten von Bedarfszusammenballungen erschwert. Die vorliegende Untersuchung beschäftigt sich schwerpunktmäßig mit der Ersatzteilbewirtschaftung in dieser zweiten Phase des Bedarfsverlaufs. In der Praxis ergeben sich allerdings Abgrenzungsprobleme zu den anderen Phasen, da der Übergang von einer Phase in die andere fließend erfolgt.

Die dritte Phase der Ersatzteilbereitstellung ist dadurch gekennzeichnet, daß der Bedarf eine rückläufige Tendenz aufweist. Diesem Nachfragerückgang liegt in der Regel die Einstellung der Produktion der übergeordneten Anlage zugrunde. Allerdings können auch konstruktive Änderungen ein Nachlassen der Nachfrage nach den betroffenen Ersatzteilen bewirken.

Unter den Ersatzteilen für ausgelaufene Serien sind unterschiedliche Nachfrageverläufe zu beobachten.[1] Einige werden zumindest bis zum Ende der üblichen Nutzungsdauer der Aggregate nachgefragt, für andere erlischt die Nachfrage innerhalb einer wesentlich kürzeren Frist. Der zweite Fall begründet sich in der

---

1) Vgl. MOORE (1971).

Regel darin, daß das Nachfolgeprodukt ein Bauteil enthält, das zwar nicht identisch aber doch in der alten Anlage verwendbar ist. Allein aus produktionstechnischen Gründen wird dann das neue Ersatzteil eingebaut. Allerdings kann aus der Produktionseinstellung nicht notwendigerweise ein Nachfragerückgang für alle Ersatzteilpositionen gefolgert werden. Insbesondere standardisierte Komponenten und Normteile finden in anderen Produkten weiter Verwendung.

Die wesentliche Aufgabe in der Phase III besteht in der Anpassung der Dispositionsstrategien an die rückläufige Tendenz der Ersatzteilnachfrage. Der Nachfragerückgang erfordert eine Veränderung der Wiederbeschaffungslosgröße des Ersatzteillagers verbunden mit einer Neuberechnung der Sicherheitsbestände. Ab einem gewissen Zeitpunkt tritt dann das Risiko der Nichtverwendung bei Wiederauffüllung von Ersatzteillagerbeständen in den Vordergrund. Das Prognoseproblem besteht demzufolge in der Abschätzung des Restbedarfs an Ersatzteilen.

2.2.1.3 Disposition der Ersatzteillagerbestände

Das wesentliche Merkmal eines Lagers besteht in der zeitlichen und quantitativen Entkopplung aufeinanderfolgender, aber zu unterschiedlichen Zeiten oder mit unterschiedlichen Geschwindigkeiten ablaufender Prozesse. Das Lager bildet einen Puffer, der die hereinfließenden Güterströme von den herausfließenden Güterströmen trennt. Der geplante Auf- oder Abbau von Beständen, soweit er vom Betreiber durch Entscheidungen über den Lagerzugang beeinflußbar ist, wird als Lager- oder Bestelldisposition bezeichnet.

Von diesen dispositiven Aufgaben sind die hier nicht behandelten rein administrativen Tätigkeiten im Zusammenhang mit der Lagerhaltung zu unterscheiden, die sich beispielsweise auf die Durchführung des physischen Lagervorganges und der verwaltungsmäßigen Auftragsabwicklung beziehen.

Bei den Dispositionsentscheidungen ist zwischen lang- und kurzfristigen zu differenzieren. Die Abgrenzung bezieht sich jedoch nicht auf die Ausdehnung des der Entscheidung zugrundeliegenden Planungszeitraumes. Vielmehr werden unter dem Begriff langfristig alle Entscheidungen zusammengefaßt, die betriebliche Kapazitäten verändern. Die Festlegung der Kapazitäten für das Ersatzteillager (etwa die Größe des Lagerraumes) ist jedoch nicht Gegenstand dieser Arbeit.

Dispositionsentscheidungen auf der Basis unveränderter Kapazitäten werden in Analogie als kurzfristige Entscheidungen bezeichnet. Diese auf den Veränderungen von Kapazitäten beruhende Abgrenzung erweist sich als sinnvoll, da bei der Festlegung kurzfristiger Dispositionsentscheidungen durchaus mehrere Perioden zu berücksichtigen sind und diese unterschiedlich abgegrenzt werden können.

Kurzfristige Dispositionsentscheidungen für Ersatzteilläger beziehen sich auf die Festlegung von Regeln, mit denen der Lagerzugang gesteuert wird, da die Nachfrage stark Zufallseinflüssen unterworfen und somit weitgehend exogen bestimmt ist und in der Regel nur indirekt (Produktqualität, Instandhaltungsservice) beeinflußt werden kann. Die Aufgabe der Disposition besteht in einer zielgerichteten Bestimmung der Wiederauffüllzeitpunkte und -mengen für jede Ersatzteilposition.

2.2.2 Rechtliche Verpflichtung des Herstellers zur Bereitstellung von Ersatzteilen

In diesem Abschnitt wird die Frage untersucht, inwieweit rechtliche Verpflichtungen existieren, die bei der Ausgestaltung der Ersatzteilversorgung zu berücksichtigen sind.

Eine Verpflichtung des Herstellers zur Bereitstellung von Ersatzteilen für die von ihm gelieferten Anlagen kann sich zunächst durch ausdrückliche Festlegungen im Kaufvertrag ergeben. Derartige Klauseln treten in der Praxis zwar auf, sind in der Regel aber nicht Bestandteil der Kaufverträge zwischen Anlagenverwender und Hersteller.[1] Lediglich bei Großaufträgen (z.B. Beschaffung von LKW für die Bundeswehr[2]) wird auf die Frage der Ersatzteilbevorratung, soweit das ein vertragswesentlicher Punkt ist, individuell eingegangen.[3]

In der weiterverarbeitenden Industrie dagegen wird die Frage der Ersatzteilbereitstellung durch Vorlieferanten in zahlreichen Fällen in den Allgemeinen Geschäftsbedingungen angesprochen. Als Beispiel sei hier die folgende Klausel zitiert: "Der Lieferant von Waren, die von uns unverarbeitet oder verarbeitet weiterveräußert werden, verpflichtet sich, bei Bauelementen mindestens 8 Jahre nach der letzten Lieferung für die Serienfertigung noch Nachbestellungen auszuführen und bei zusammengesetzten Waren mindestens für den gleichen Zeitraum Ersatzteilbestellungen auszuführen."[4]

---

1) Vgl. VDMA (1983, S. 5); IHK (1986).
2) Vgl. RAMM (1965, S. 69).
3) Vgl. RODIG (1971, S. 854); VDMA (1986).
4) Vgl. VDMA (1986).

Über besondere Regelungen im Kaufvertrag hinaus können Abmachungen über Lieferverpflichtungen von Ersatzteilen auch als Bestandteil von Wartungsverträgen auftreten.[1]

Neben diesen einzelvertraglichen Vereinbarungen finden sich Aussagen über die Ersatzteilversorgung häufig in den Werbeformulierungen der Hersteller. Aus diesen Werbeaussagen kann jedoch in aller Regel ein rechtsgeschäftlicher Verpflichtungswille gegenüber dem Anwender nicht entnommen werden, da sie inhaltlich zu unbestimmt formuliert sind.[2]

Eine eindeutige gesetzliche Regelung zur Ersatzteilieferung besteht lediglich für den Gewährleistungsfall.[3] Während der Gewährleistungsfrist hat der Hersteller kraft der Gewährleistungszusage für die Bereitstellung von Ersatzteilen und deren kostenlosen Einbau zu sorgen, sofern ein Gewährleistungsfall vorliegt.[4] Nach Ablauf der Gewährleistungsfrist ist die Bereitstellung von Ersatzteilen seitens des Herstellers keinen konkreten gesetzliche Bestimmungen unterworfen.

Bestehen keine einzelvertraglichen Abmachungen zwischen Abnehmer und Hersteller von Anlagen, so sind für eine Beurteilung der Leistungsverpflichtung nach Ablauf der Gewährleistungsfrist allgemeine rechtliche Grundsätze zugrundezulegen.

Für langlebige Gebrauchsgüter wird eine Verpflichtung des Herstellers zur Lieferung von Ersatzteilen als nachvertragliche Nebenleistungspflicht im Rahmen des Kaufvertrages aus dem Grundsatz von Treu und Glauben

---

1) Vgl. FINGER (1970, S.2049).
2) Vgl. REINKING/EGGERT (1984, S. 151f.).
3) Vgl. VDMA (1983, S. 5).
4) Vgl. REINKING/EGGERT (1984, S.150).

§242 im juristischen Schrifttum allgemein anerkannt.[1]
Die Nebenverpflichtung des Herstellers dient der Erhaltung der Leistungsfähigkeit der Anlage und leitet sich aus dem berechtigten Interesse des Verwenders auf eine längerfristige Nutzungsmöglichkeit der Anlage ab.

Dem Umfang und der Dauer dieser Nebenverpflichtung sind allerdings zeitliche und sachliche Grenzen zu setzen. Da die neuere Rechtsprechung zu diesem Themengebiet keine konkreten Hinweise gibt (das einzige Urteil[2] stammt aus dem Jahre 1970 vom Amtsgericht München) und die juristischen Kommentare sich wenig konkret äußern, wird im folgenden auf die Abgrenzung der Verpflichtung eingegangen, wie sie in der juristischen Literatur dargestellt wird.

Als Maßstab für die Dauer der Nebenverpflichtung dient die durchschnittliche betriebliche Nutzungsdauer der Anlagen.[3] Für Automobilhersteller ergibt sich daraus eine Lieferverpflichtung für eine Dauer von 10 - 12 Jahren vom Zeitpunkt der Auslieferung des letzten Fahrzeuges einer Serie an gerechnet.

Der Umfang der Lieferverpflichtung während des vorgenannten Zeitraums bestimmt sich nach den Grundsätzen von Treu und Glauben unter Abwägung der beiderseitigen Interessen. Demnach kann die Ersatzteillieferpflicht nicht auf Verschleißteile beschränkt werden. Vielmehr sind auch Teile miteinzubeziehen, die zwar oftmals, aber nicht immer die Lebensdauer der Anlage erreichen. Auf Gegenstände, deren Lebensdauer die Nutzungszeit der

---

1) Vgl. STAUDINGER/SCHMIDT (1983, §242 Rn. 767);
   PALANDT/HEINRICHS (1986, §242 Anm. 4Ba);
   ROTH (1985, §242, Rn. 158).
2) Vgl. BB (1971, S. 62).
3) Vgl. KÜHNEL/SPAMER (1976, S. 340).

Anlage im allgemeinen übersteigt, ist die Verpflichtung dagegen nicht auszudehnen.[1]

Ausgenommen sind weiterhin Teile, die unabhängig vom Hersteller der Anlage ohne weiteres auf dem Markt beschafft werden können allerdings nur insoweit, als die frei angebotenen Teile mit den Originalteilen in Qualität und Preis vergleichbar sind und ihre Verwendung als Ersatzteil mit keinen anderen Nachteilen (Garantieverlust) verbunden ist.[2]

Aus der Bereitstellungspflicht kann für den Hersteller keine Verpflichtung zur Lagerhaltung von Ersatzteilen abgeleitet werden. In einigen Branchen (z.B. Elektronik) wird jedoch häufig bei Einstellung der Produktion der Anlage (oder zu einem späteren Zeitpunkt) ein Lagerbestand zur Deckung aller zukünftigen Ersatzteilbedarfe angelegt. Bei unerwartet hoher Ausfallquote eines Teils infolge eines ursprünglichen Konstruktions- oder Herstellungsfehlers hat der Hersteller, falls der Vorrat an Ersatzteilen erschöpft ist, die Nachproduktion aufzunehmen. Zu einem späteren Nachbau ist der Hersteller weiter verpflichtet, wenn er den voraussichtlichen Bedarf von vornherein falsch berechnet hat.[3]

Die Verpflichtung zur Lieferung von Ersatzteilen betrifft zunächst den Hersteller der übergeordneten Anlage, auch wenn die Teile selbst von Zulieferfirmen produziert werden. Bleibt der Zulieferer jedoch als eigenständiges Unternehmen erkennbar, unterhält er sogar eigene Werkstätten, so überträgt sich die Verpflichtung auf ihn.

---

1) Vgl. FINGER (1970, S. 2050).
2) Vgl. VDMA (1983, S. 5).
3) Vgl. FINGER (1970, S. 2050).

Umstritten ist die Frage, gegen wen sich der Anspruch des Käufers auf Belieferung mit Ersatzteilen richtet, wenn die Anlagen über Händler vertrieben werden. Während FINGER[1] eine unmittelbare Anspruchsbegründung des Kunden gegen den Hersteller als echte Nebenpflicht ableitet, beziehen REINKING/EGGERT[2] diese Pflicht nur auf den Händler, da zwischen Kunde und Hersteller die notwendige rechtliche Beziehung fehlt.

Als mögliche Verletzungstatbestände bezüglich der Leistungsverpflichtung für Ersatzteile kommen Verzug und Nichterfüllung in betracht. Ein Schadensersatzanspruch setzt neben dem Bestehen der Lieferverpflichtung voraus, daß der Käufer den Anspruch geltend macht und eine angemessene Frist zur Leistungserbringung setzt. Bei Nichteinhaltung der Frist sowie bei Nichterfüllung haftet der Hersteller gemäß §286 BGB für den entstandenen Schaden (etwa Nutzungsausfall bei Betriebsunfähigkeit der Anlage).

Da das einzige in den neuesten juristischen Kommentaren zitierte Urteil aus dem Jahre 1970 vom AG München stammt, nur einen Teilaspekt der Ersatzteilbereitstellungsverpflichtung berücksichtigt und zudem keinen Grundsatzcharakter hat, kann davon ausgegangen werden, daß die Hersteller ihrer Verpflichtung weitestgehend nachkommen. Aus dieser Tatsache leitet sich die Vermutung ab, daß neben der rechtlichen Verpflichtung starke ökonomische Überlegungen mit dieser Frage verbunden sind, die zu einer weitgehenden Übereinstimmung von Verwender- und Herstellerinteresse führen. In einem nächsten Abschnitt wird daher die wirtschaftliche Auswirkung der Ersatzteilversorgung für den Hersteller näher analysiert.

---

1) Vgl. FINGER (1970, S. 2051).
2) Vgl. REINKING/EGGERT (1984, S. 151f.).

2.2.3 Erfolgswirkungen der Ersatzteilversorgung

Die bisherigen Betrachtungen über die Ersatzteilversorgung beim Hersteller dienten dem Zweck, durch die Beschreibung des betrieblichen Tätigkeitsfeldes sowie der organisatorischen Rahmenbedingungen die Problemstellung dieser Arbeit einzugrenzen. Im folgenden soll untersucht werden, welche Wirkungen von der Ersatzteilversorgung auf den Erfolg der Unternehmung ausgehen, um daraus die generelle Bedeutung der Ersatzteilversorgung für den Hersteller von Anlagen abzuleiten. Dabei wird insbesondere auf die Beeinflussung des Unternehmenserfolges durch die in dieser Arbeit behandelte kurzfristige Disposition der Ersatzteillagerbestände abgestellt.

Bei der Betrachtung der Erfolgswirkungen sind zum einen die Kosten zu sehen, die sich aus Herstellung, Lagerhaltung und Distribution von Ersatzteilen ergeben. Die Ausgestaltung der Ersatzteilversorgung und dabei insbesondere die Disposition der Ersatzteillagerbestände beeinflussen den Unternehmenserfolg dabei primär durch ihre Auswirkungen auf die Lagerkosten. Als besonders bedeutsam erweisen sich aufgrund des in der Regel sehr umfangreichen Ersatzteilsortiments und der prinzipiell hohen Verfügbarkeit die Kapitalbindungskosten. Darüberhinaus wirken die dispositiven Entscheidungen über die sich ergebende mittlere Losgröße der Produktionsaufträge bzw. die bei Nichtlieferbereitschaft notwendig werdende Nachproduktion von Ersatzteilen auch durch die Beeinflussung der Herstellkosten auf den Erfolg. Von den Beeinflussungen der Kosten, die sich bei der Distribution ergeben, soll hier abgesehen werden, da in dieser Arbeit vernehmlich die kurzfristigen Dispositionsentscheidungen im Zentrallager des Herstellers behandelt werden.

Den Kosten, die sich aus der Ersatzteilbewirtschaftung ergeben, stehen zunächst die direkten Erlöse aus dem Absatz der Ersatzteile gegenüber. Der potentielle Ersatzteilbedarf für die abgesetzten Maschinen und Anlagen, der die quantitative Grundlage für die Erlöse bildet, wird primär durch den technischen Verschleiß beim Einsatz der Anlage determiniert. Der Einfluß des Herstellers auf das Bedarfspotential beschränkt sich weitgehend auf die Festlegung des Qualitätsniveaus der Anlage und dabei insbesondere auf das Verschleißverhalten der Bauteile.

In vielen Branchen nimmt der Hersteller aufgrund des hohen Spezialisierungsgrades für die meisten Ersatzteilpositionen eine monopolistische Marktstellung ein. Mengenmäßige Absatzwirkungen - d.h. Abweichungen der tatsächlichen Ersatzteilnachfrage vom potentiellen Ersatzteilbedarf - sind dann in der Regel darauf zurückzuführen, daß statt eines Austausches eine Reparatur durch Ausbesserung vorgenommen wird. Solche Absatzminderungen sind nur in begrenztem Umfang zu erwarten, da einer Substitution von austauschender Instandsetzung durch eine ausbessernde Reparatur technische und ökonomische Grenzen gesetzt sind.

Soweit es sich bei den Ersatzteilpositionen jedoch nicht um Spezialteile handelt (z.B. Standard- oder Normteile) oder aufgrund des Marktvolumens andere Anbieter (z.B. Vorlieferanten des Herstellers) auf dem Ersatzteilmarkt auftreten, wird der Absatz durch die Ausgestaltung der Ersatzteilversorgung direkt beeinflußbar.

Insbesondere bei schadenbehebenden aber auch bei plan-
mäßigen Instandsetzungsmaßnahmen ergeben sich in Folge
der Minderung der zeitlichen Verfügbarkeit der Anlage
häufig Nutzungseinbußen beim Verwender. Tritt etwa für
die Dauer der Instandsetzung eine Produktionsunter-
brechung ein, so kann dadurch bei Vollbeschäftigung für
den Betreiber ein erheblicher Deckungsbeitragsentgang
entstehen. In Abhängigkeit vom Beschaffungsverhalten
und dem Vorhalten von Ersatzteillagerbeständen beim
Instandhaltungsbetrieb beeinflußt dann die Schnelligkeit der Ersatzteilversorgung oft unmittelbar die
Durchführbarkeit bzw. die Dauer der Instandhaltung an
der Anlage. Eine schnelle Bereitstellung setzt neben
einer entsprechenden Auftragsablauf- und Transportor-
ganisation eine hohe Verfügbarkeit im Ersatzteillager
voraus. Aufgrund der spezifischen Bedarfsentstehung der
Ersatzteilnachfrage treten somit die zentralen Merkmale
des Lieferservices - Lieferschnelligkeit und Lieferzu-
verlässigkeit - als wesentliche Einflußfaktoren des
Ersatzteilabsatzes auf.

In vielen Fällen erstreckt sich die Betreuung der Anwender während der Nutzungszeit jedoch nicht allein auf
die Bereitstellung von Ersatzteilen, sondern der Hersteller bietet darüberhinaus noch Wartungs- und Instandhaltungsdienstleistungen an. Über die Erstellung
solcher Dienstleistungen ist es ihm möglich unterstüt-
zend auf den Ersatzteilverkauf zu wirken.[1]

Zusätzlich zur Beeinflussung der Mengenkomponente über
die Ausgestaltung der Ersatzteilversorgung ergeben sich
für den Hersteller auch durch die Festlegung des Er-
satzteilpreisniveaus Möglichkeiten auf das Erlösvo-
lumen aus dem Ersatzteilabsatz einzuwirken.

---

1) Vgl. SCHWAB (1982, S.41).

Die Bedeutung, die der Ersatzteilversorgung aufgrund ihres direkten Beitrages zum Unternehmenserfolg zukommt, weist branchenspezifisch jedoch starke Unterschiede auf. Ein Indiz für den individuellen Stellenwert des Ersatzteilgeschäftes stellt der relative Anteil des Ersatzteilumsatzes am Gesamtumsatz der Unternehmung dar. Während Hersteller von Geräten, bei denen die Dauerqualität eine zentrale Eigenschaft darstellt (elektronische Geräte), lediglich 3% ihres Gesamtumsatzes aus dem Ersatzteilverkauf erzielen, beläuft sich dieser Anteil für den Bereich des Maschinen- und Anlagenbaus teilweise auf über 25%.

Durch den Verkauf von Ersatzteilen ergeben sich für den Hersteller also teilweise eigenständige Erlöspotentiale, die neben den Umsätzen aus dem Absatz der Anlage stehen. Der Begriff Eigenständigkeit kann jedoch nicht bedeuten, daß Anlagen- und Ersatzeilabsatz getrennt zu sehen sind, vielmehr soll dadurch zum Ausdruck gebracht werden, daß vom Ersatzteilabsatz ein maßgeblicher Einfluß auf den Erfolg der Unternehmung ausgeht.

Die Eigenständigkeit kommt dadurch zum Ausdruck, daß der Hersteller Unterziele formuliert, die sich auf die Förderung des Ersatzteilabsatzes beziehen.[1] Eine weitere Bedeutungskomponente, die die Eigenständigkeit des Ersatzteilgeschäftes unterstreicht, ergibt sich aus der zeitlichen Verteilung der Ersatzteilbedarfe. In Phasen des Konjunkturrückganges wird die Bereitschaft der Verwender zum Kauf neuer Anlagen zurückgehen und stattdessen die Nutzung der vorhandenen Anlagen länger ausgedehnt. Dadurch fällt ein fortgesetzter eventuell

---

1) Vgl. IHDE/LUKAS/MERKEL/UNSHELM (1980, S.15).

sogar erhöhter Ersatzteilbedarf an, der einen Ausgleich zum Erstausrüstungsgeschäft zu bieten vermag. Dementsprechend kann das Ersatzteilgeschäft einen Stabilisierungsfaktor im Konjunkturablauf für den Hersteller darstellen.

Neben diesen direkten Erlöswirkungen aus der Ersatzteilversorgung ergeben sich indirekte Erlöswirkungen, die aus den absatzwirtschaftlichen Verbundbeziehungen zwischen Anlagenabsatz und Ersatzteilwirtschaft resultieren. In zeitlicher Abfolge bilden zunächst der Absatz und die Nutzung der Anlage die Voraussetzung für die Entstehung des Ersatzteilbedarfes. Andererseits beeinflußt die Kenntnis der Leistungsfähigkeit der Ersatzteilversorgung den Anlagenabsatz, da die Nachfrager neben den Leistungsmerkmalen der Anlage auch die Qualität der Ersatzteilversorgung in ihre Kaufentscheidung einbeziehen.

Welche Auswirkungen die Ausgestaltung der Ersatzteilversorgung auf die Erlöse aus dem Anlagenabsatz ausübt, hängt in besonderem Maße von der Erwartungshaltung der Verwender in bezug auf die Betreuung der Anlage während der Nutzungszeit ab und wird branchenspezifisch starke Unterschiede aufweisen. Ein Kriterium, mit dem diese relative Bedeutung der Ersatzteilversorgung für den Hersteller aufgrund ihrer Wirkung auf den Anlagenabsatz beurteilt werden kann, bildet die Häufigkeit, mit der an den Anlagen während die Nutzungszeit Instandsetzungsmaßnahmen durchgeführt werden. Bedeutungsschwerpunkte werden sich am ehesten für Anlagen ergeben, bei denen bereits beim Erwerb der Anlage für den Verwender das Auftreten von Ersatzteilbedarf im Laufe der Nutzung zu erwarten ist, lediglich Umfang, zeitlicher Anfall und die betroffenen Teile ungewiß sind. Da sich

der Käufer während der Nutzungszeit wegen des vielfach
hohen Spezialisierungsgrades der Bauteile in eine mehr
oder weniger große Abhängigkeit zum Hersteller begibt,
tritt eine starke Sensibilisierung hinsichtlich einer
gesicherten Versorgung ein. Die Erwartung des Käufers
auf eine langfristige reibungslose Belieferung mit
Ersatzteilen eventuell ergänzt durch das Angebot von
Instandhaltungsdienstleistungen spielt daher oftmals
eine kaufentscheidende Rolle.

Die Bedeutung der Ausgestaltung der Ersatzteilversorgung auf den Anlagenabsatz kommt dadurch zum Ausdruck,
daß die Hersteller die Zuverlässigkeit und Schnelligkeit der Ersatzteillieferung in ihren Werbeaussagen
immer wieder besonders herausstellen. Bei der Beurteilung der Ersatzteilversorgung als Marketing-Instrument
des Herstellers darf jedoch nicht übersehen werden, daß
diese Leistung ein absatzpolitisches Instrument neben
anderen darstellt. Die Interdependenzen, die zwischen
den unterschiedlichen Instrumenten bestehen, führen
dazu, daß es in der Praxis erhebliche Problem bereitet,
die quantitative Wirkung der Ersatzteilversorgung auf
den Anlagenabsatz abzuschätzen.

Damit sind die generellen Wirkungen, die von der Ersatzteilversorgung und dabei insbesondere von der
Disposition auf den Unternehmenserfolg ausgehen, in
ihrer Richtung beschrieben. Um daraus Vorgaben und
Zielsetzungen für die Ausgestaltung der Disposition
abzuleiten, sind die Einflußfaktoren dieser Erfolgswirkungen zu spezifizieren und die von ihnen ausgehenden
Einflüsse auf den Unternehmenserfolg zu quantifizieren.
In Kapitel 4 wird dem Thema der operationalen Zielformulierung für die Ersatzteillagerdisposition breiter
Raum gewidmet.

3 Bedarfsermittlung für Ersatzteile

Den Ausgangspunkt für alle dispositiven Entscheidungen der Ersatzteillagerhaltung beim Hersteller bildet eine kurzfristige Prognose der zukünftigen Nachfrage. In diesem Kapitel werden die Einflußfaktoren der Ersatzteilnachfrage herausgearbeitet und darauf abgestimmte Prognoseansätze vorgestellt.

3.1 Prognoseansätze zur Bedarfsermittlung

Der Ersatzteilbedarf beim Hersteller wird von einer Vielzahl von Einflußfaktoren geprägt, von denen jedoch nicht alle gleichermaßen bestimmend auf den Bedarf wirken. In einer systematischen Analyse werden daher die relevanten Bestimmungsgrößen herausgearbeitet und darauf aufbauende Prognoseansätze vorgestellt.

Sinnvollerweise setzen diese Untersuchungen beim konkreten Instandhaltungsprozeß an der einzelnen Produktionsanlage an. Beim Einsatz der Anlage im Produktionsprozeß bewirkt der Anlagenverschleiß eine Verminderung der Funktionsfähigkeit der Anlage. Um die Leistungsfähigkeit wiederherzustellen, werden an der Produktionsanlage Instandhaltungsmaßnahmen durchgeführt. Ersatzteilverbrauch findet statt, wenn ein Bauteil gegen ein entsprechendes Ersatzteil ausgetauscht wird. In einer idealistischen Betrachtungsweise bildet allein der vom Anlagenverschleiß verursachte Ausfall eines Bauteils das auslösende Moment für den Austausch und determiniert damit Zeitpunkt und Umfang des Ersatzteilverbrauchs, der wiederum eine entsprechende Nachfrage beim Hersteller auslöst.

Obwohl jede Ersatzteilnachfrage letztlich mit dem Ausfall eines entsprechenden Bauteils in Verbindung steht, sind bei der Prognose weitere Einflußfaktoren zu berücksichtigen, die eine quantitative oder zeitliche Abkopplung der beim Hersteller eingehenden Ersatzteilnachfragen vom eigentlichen Ausfall bewirken. Erfolgt der Austausch eines Teils im Rahmen vorbeugender Instandsetzung, so werden Zeitpunkt und Menge des Verbrauchs neben dem Ausfallverhalten zusätzlich von Wirtschaftlichkeitsüberlegungen geprägt. Aber auch bei schadenbehebender Instandsetzung muß der Ausfall eines Bauteils nicht zu einer unmittelbaren Nachfrage beim Hersteller führen, wenn die benötigten Teile im Ersatzteillager der Instandhaltung bevorratet werden. Bieten neben dem Hersteller der Produktionsanlagen noch weitere Unternehmen Ersatzteile an, so wird nur ein Teil des tatsächlichen Verbrauchs beim Hersteller nachgefragt.

Als wesentliche weitere Einflußfaktoren der Ersatzteilnachfrage beim Hersteller treten neben das konstruktiv und nutzungsbedingte Ausfallverhalten der Bauteile die davon abhängige Instandhaltungsstrategie sowie die Ersatzeilbevorratung beim Verwender. Diese Überlagerung der ursprünglichen Einflußfaktoren des Verbrauchs durch institutionelle oder wirtschaftliche Gegebenheiten muß in den Prognoseverfahren Berücksichtigung finden.

Auf der Grundlage der geschilderten Plausibilitätsüberlegungen werden nun verschiedene Ansätze zur Vorhersage der Ersatzteilnachfrage beim Hersteller hergeleitet. Eine Klassifikation der Prognoseansätze kann anhand der in den Prognosemodellen zugrundegelegten Einflußgröße vorgenommen werden. Abbildung 3.1 verdeut-

licht die Lokalisation der Bestimmungsgrößen unterschiedlicher Prognoseansätze.

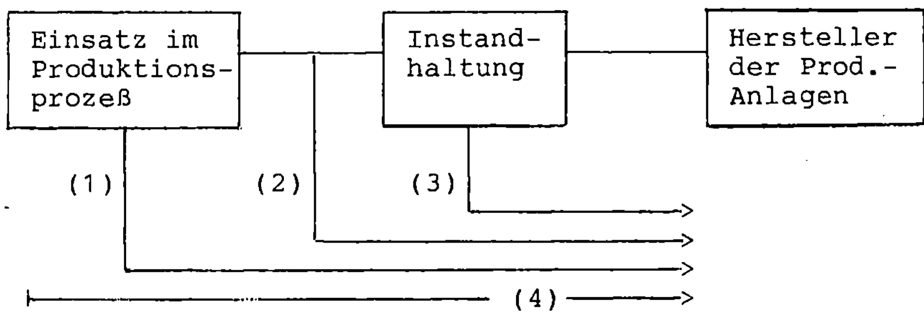

Abb. 3.1: Ansatzpunkte zur Prognose der Ersatzteilnachfrage beim Hersteller.
(1) Kausalanalyse; (2) Lebensdaueranalyse; (3) Verbrauchsanalyse; (4)
Zeitreihenanalyse

Nach den zugrundegelegten Einflußgrößen des Bedarfsverlaufs werden vier Prognoseverfahren unterschieden:

(1) Kausalanalyse:

Der Umfang und zeitliche Anfall des Bedarfs an
Ersatzteilen wird über das Verschleißverhalten der
Bauteile geschätzt. Dazu werden die Einsatzgegebenheiten und -bedingungen als maßgebliche Einflußfaktoren herangezogen.

(2) Lebensdaueranalyse:

Erfolgt die Instandhaltung generell schadenbehebend
nach einem Ausfall des Bauteils und ist das Verschleißverhalten nicht in Abhängigkeit von den
Einsatzgegebenheiten darstellbar, so kann das Prognoseverfahren direkt beim Ausfallverhalten in der
Vergangenheit ansetzen.

(3) Verbrauchsanalyse:

Bei vorbeugender Instandhaltung bildet die Planung der Instandhaltungsmaßnahmen die Grundlage für die Prognose des zukünftigen Ersatzteilbedarfs.

(4) Zeitreihenanalyse:

Aus der Ersatzteilnachfrage in der Vergangenheit und eventuell vorliegenden Zusatzinformationen werden Schätzungen der zukünftigen Nachfrage abgeleitet.

Das unterschiedliche Basisinformationsmaterial für die überwiegend statistischen Prognoseansätze wird nicht gleichermaßen für alle Ersatzteile einer Anlage zur Verfügung stehen. Eine Auswahl der Prognosemethode hat sich an den Gegebenheiten des spezifischen Austauschprozesses sowie den Möglichkeiten der Datenerfassung und -übermittlung zu orientieren. Soweit die Prognoseansätze auf der Gewinnung funktionaler oder stochastischer Zusammenhänge aus Vergangenheitsdaten beruhen, ist deren Anwendung auf solche Teile beschränkt, für die genügend Datenmaterial vorliegt. Prinzipiell befindet sich der Hersteller bei der Vorhersage des Bedarfs in einer günstigeren Position als der Verwender, da die Prognose nicht für eine einzelne oder wenige Produktionsanlage(n), sondern für einen ganzen Anlagenbestand zu treffen ist. Dieser Vorteil wird dadurch relativiert, daß eine Reihe weiterer Einflußfaktoren auftreten und dem Hersteller häufig explizite Informationen über Anlagenbestand, Einsatzgegebenheiten, Ausfallverhalten oder Instandhaltungstrategie fehlen.

Im weiteren werden die skizzierten Prognoseansätze näher erläutert und die Anwendungsvoraussetzungen explizit dargestellt.

3.1.1 Kausalanalyse

Kausalanalytische Prognoseansätze erfassen funktionale
oder statistische Beziehungen zwischen Einsatzgegebenheiten und Ausfallverhalten der Bauteile und leiten
daraus eine Vorhersage der Ersatzteilnachfrage ab.

Die Vorhersage des Ausfallzeitpunktes einzelner Bauteile einer spezifischen Anlage aus der Sicht des Verwenders ist in der Literatur[1] ausführlich behandelt
worden. Obwohl der Ausfall auf den Anlagenverschleiß
zurückzuführen ist und dieser maßgeblich von den Einsatzgegebenheiten abhängt, gilt der exakte Zeitpunkt
häufig als unvorhersehbar. Als Hauptproblem ergibt sich
dabei stets das Fehlen von genügend empirischen Daten-
beständen aus der Vergangenheit, um mit statistischen
Analysemethoden hinreichend genaue Aussagen über den
Verschleißprozeß und damit das Ausfallverhalten zu
gewinnen. Darüber hinaus ist noch das zufällige Auftreten weiterer Einflußfaktoren zu berücksichtigen.

Die Tatsache, daß sich nicht für alle Bauteile eine
Vorhersage des Ausfalls als gleichermaßen problematisch erweist, hat zu einer Unterteilung der Ersatzteile in verschiedene Prognoseklassen geführt. Diese
Klassifikation orientiert sich primär an den Anforderungen des Anlagenverwenders zur Disposition spezieller Ersatzteilpositionen und bezieht sich nur auf ein
eingeschränktes Spektrum schnellverschleißender und
funktionswichtiger Bauteile.

Ersatzteile, die beim Verwender bzw. beim Instandhaltungsbetrieb bevorratet werden, um im Bedarfsfall ohne

---

1) Vgl. KRAUS (1981, S. 374 ff.); REDEKER (1973);
   BRAHY (1972).

Zeitverzug zur Verfügung zu stehen, werden allgemein als Reserveteile[1] bezeichnet und in drei Gruppen[2] gegliedert.

Verschleißreserveteile werden für Bauteile bevorratet, die einem schnelleren Verschleiß als die Anlage unterliegen und deren Ausfall zeit- oder mengenabhängig und damit annähernd vorhersehbar ist.

Sicherheitsreserveteile dienen dazu, das Risiko eines nicht vorhersehbaren Schadens abzuwenden, weil der Ausfall des entsprechenden Teils zufallsbedingt oder unvorhersehbar ist.

Ersatzteile, die allgemein verwendbar, vorwiegend genormt und von geringem Einzelwert sind, werden unter dem Begriff Kleinteile zusammengefaßt. Die so vorgenommene Abgrenzung von Kleinteilen bezieht sich jedoch auf eine andere begriffliche Ebene und begründet sich lediglich darin, daß für diese Ersatzteilpositionen einfache Dispositionsstrategien gebildet werden.

Die vorgenommenen Abgrenzungen zeichnen sich zunächst dadurch aus, daß sie nicht eindeutig sind und nicht alle Ersatzteile von Anlagen umfassen. Bei der Klassenbildung orientieren sich diese Ansätze offenbar an den Extrempositionen hinsichtlich Vorhersehbarkeit, Verschleißgeschwindigkeit und Wert, so daß eine Zuordnung im Einzelfall schwierig durchzuführen ist. Für den Hersteller liefern diese Ansätze daher keine Grundlage für eine Klassifikation der Ersatzteilpositionen.

Voraussetzung für eine Kausalanalyse ist eine signifikante Abhängigkeit der Ersatzteilnachfrage von den Bedingungen des Anlageneinsatzes. Geeignet erscheint

---

1) Vgl. RENKES (1974, S. 87).
2) Vgl. HEILIG/GERKE (1973, S. 1115); REDEKER (1973, S. 10); DIN 31051, Januar 1985.

diese Prognosemethode für Ersatzteile, die häufig
ersetzt werden (Verschleißteile). Relativ selten aus-
fallende Teile einer Anlage, die in Großserie gefertigt
wird, können aufgrund des statistischen Ausgleichs
zufälliger Ereignisse trotz der Unvorhersehbarkeit des
einzelnen Ausfalls beim Hersteller tendenziell eine
relativ gleichförmige Nachfrage bewirken.

Allerdings ergeben sich bei der Durchführung regelmäßig
Probleme hinsichtlich der Datenerfassung und -auswer-
tung. Um die typischen Merkmale des Anlageneinsatzes zu
klassifizieren, die prägnanten Einflußfaktoren zu bestimmen und sie zur Bedarfsschätzung heranzuziehen,
sind für alle eingesetzten Produktionsanlagen die Einsatzgegebenheiten zu erfassen und mittels regressions-
analytischer Verfahren Beziehungen zum Ersatzteilbedarf
abzuleiten. Bei der Nutzung der Produktionsanlagen
wirkt in der Regel eine Vielzahl von Faktoren, die
häufig nur sehr ungenau quantitativ zu erfassen sind.
Zudem müssen dem Hersteller genaue Angaben über die
Zusammensetzung des Anlagenbestandes nach Typ und Alter
sowie die Intensität und Qualität der Nutzung bekannt
sein.

Diese Voraussetzungen sind für die Hersteller von Produktionsanlagen in der Regel nicht gegeben. Damit
werden solche Prognoseansätze nur in wenigen Fällen zu
realisieren sein. Aus der Sicht des Herstellers erweisen sich diese Vorhersageverfahren zudem als nicht
ausreichend, da wesentliche Gesichtspunkte, die den
Bedarfsverlauf beeinflussen, nicht erfaßt werden.

3.1.2 Lebensdaueranalyse

Die Lebensdaueranalyse prognostiziert die Ersatzteilnachfrage aufbauend auf einer Schätzung des wahrscheinlichen Ausfallzeitpunktes des entsprechenden Bauteils einer Produktionsanlage. Im Gegensatz zum vorher dargelegten Ansatz wird nicht auf die Bestimmungsgrößen und Einflußfaktoren des Ausfalls zurückgegriffen, sondern unter Verzicht auf eine Kausalanalyse der Ausfallprozeß in Abhängigkeit von der Zeit beschrieben. Dabei werden neben den summierten Ausfällen eines Teils innerhalb eines Zeitraums auch die Zeitspannen zwischen aufeinanderfolgenden Ausfällen in den Kalkül einbezogen.

Die Zeit, die vergeht bis ein Neuteil oder ausgetauschtes Teil ausfällt, wird als Lebensdauer oder Standzeit bezeichnet. Diese Lebensdauer kann in unterschiedlichen Dimensionen gemessen werden:
- zeitbezogen (Nutzungszeit, Betriebsstunden)
- leistungsbezogen (Produktionsvolumen).

Im folgenden wird mit Lebensdauer immer eine zeitbezogene Angabe assoziiert und die Terminologie entsprechend gewählt. Die Lebensdauer wird als reellwertige Zufallsvariable T betrachtet, die nur positive Werte annehmen kann. Sie unterliegt einer Wahrscheinlichkeitsverteilung mit der Dichtefunktion f(t):

$$f(\tau) \geq 0, \quad \int_0^\infty f(\tau)\, d\tau = 1.$$

Die zugehörige Verteilungsfunktion F(t) bezeichnet man als Ausfallfunktion:

$$F(t) = F(\tau \leq t) = \int_0^t f(\tau)\, d\tau.$$

Die Ausfallfunktion F(t) gibt die Wahrscheinlichkeit
an, daß ein Ausfall bis zum Zeitpunkt t erfolgt ist.
Als Überlebenswahrscheinlichkeit oder Zuverlässigkeit
eines Bauteils definiert man:

$$R(t) = 1 - F(t) = \int_t^\infty f(\tau) \, d\tau.$$

Die mittlere Lebensdauer $\bar{t}$ ergibt sich dann als Erwartungswert der Lebensdauerverteilung:

$$\bar{t} = \int_0^\infty \tau \cdot f(\tau) \, d\tau.$$

Ein wesentliches Kriterium zur Beurteilung und Einstufung von Bauteilen stellt die Ausfallrate q(t) als
Quotient aus Ausfalldichte und Überlebenswahrscheinlichkeit dar:

$$q(t) = \frac{f(t)}{1 - F(t)}.$$

Die Ausfallrate q(t) (bedingte Wahrscheinlichkeit)
beschreibt die Wahrscheinlichkeit eines Ausfalls, wenn
bis zum Zeitpunkt t noch kein Ausfall eingetreten ist.

In praktischen Untersuchungen[1] hat sich gezeigt, daß
die Ausfallraten verschiedener Bauteile als Funktion
der Lebensdauer unterschiedliche Verhalten aufweisen.
Die beobachteten Kurvenverläufe reichen von monoton
steigenden über konstante bis zu monoton fallenden
Ausfallraten.

Fallende Ausfallraten sind ein Kennzeichen für sogenannte "Frühausfälle", die ihre Ursache insbesondere in
Herstellungs-, Montage-, Installations- und Instandset-
zungsfehlern haben. Konstante Ausfallraten kennzeichnen

---

1) Vgl. VOIGT (1973, S. 34); WILKE (1981).

sogenannte "Zufallsausfälle", die auf zufällig auftretende Ereignisse, wie Überbeanspruchung und Bedienungs-
fehler, zurückzuführen sind. Bei Vorliegen von steigenden Ausfallraten spricht man von "Abnutzungsausfällen",
deren Entstehungsgründe in Materialermüdung oder ge-
brauchsbedingtem Verschleiß der Elemente liegen. In der
Literatur[1] wird bei Ausfallraten häufig eine Kurve
angenommen, die einen zunächst fallenden, dann konstanten und schließlich steigenden Verlauf aufweist (Bade-
wannenkurve). Obwohl dieses Ausfallmodell durchaus
einleuchtend zu begründen ist, fehlt der Beweis, daß es
generell verbindlich ist. Für Bergbaumaschinen wurde
nachgewiesen,[2] daß bei bergbauspezifisch beanspruchten
Komponenten in fast allen Fällen ein gleichbleibender
beziehungsweise fallender Verlauf der Ausfallrate auftritt (Vgl. Abb. 3.3).

Zur Quantifizierung des Ausfallprozesses aus Vergangenheitsdaten wird folgendermaßen verfahren. Mittels einer
Normierung der beobachteten Lebensdauern eines Bauteils
auf den Grundbestand an eingesetzten Produktionsanlagen
lassen sich empirische Ausfallwahrscheinlichkeiten für
die einzelnen Bauteile bilden. Die sich ergebende empirische Ausfallverteilung wird dann durch eine stetige
Lebensdauerverteilung approximiert, die den Ausfallprozeß als Funktion der Nutzungsdauer beschreibt.

Bei der Auswahl von mathematischen Wahrscheinlichkeits-
funktionen, mit denen eine Approximation der empirischen Lebensdauerverteilung vorgenommen werden soll,
ist die Möglichkeit zur Darstellung unterschiedlicher
Ausfallraten zu berücksichtigen. Die häufigsten in der
Literatur[3] genannten Lebensdauerverteilungen sind die

---

1) Vgl. MBB (1977); ZOCHER (1978).
2) Vgl. WILKE (1981).
3) Vgl. VOIGT (1973, S. 35 ff.).

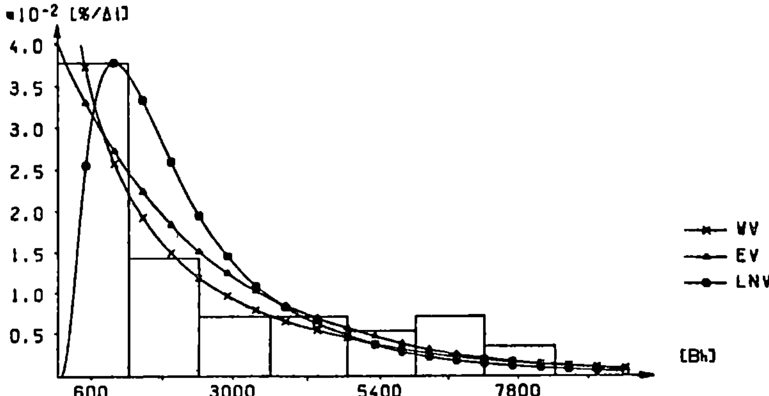

Abb.3.2: Empirische Häufigkeitsverteilung des Bauteils (Vickerspumpe) einer Bergbaumaschine, (Balken aggregiert zu
Klassen von 1200 Betriebsstunden (BH)) und deren Approximation durch unterschiedliche Wahrscheinlichkeitsverteilungen: Weibull-Verteilung (WV), Exponentialverteilung (EV) log. Normalverteilung (LNV). Abzisse: Lebensdauer in Betriebsstunden. Ordinate: Ausfallwahrscheinlichkeit als Prozentsatz pro Zeitintervall. (entnommen
aus WILKE (1981, S. 28)).

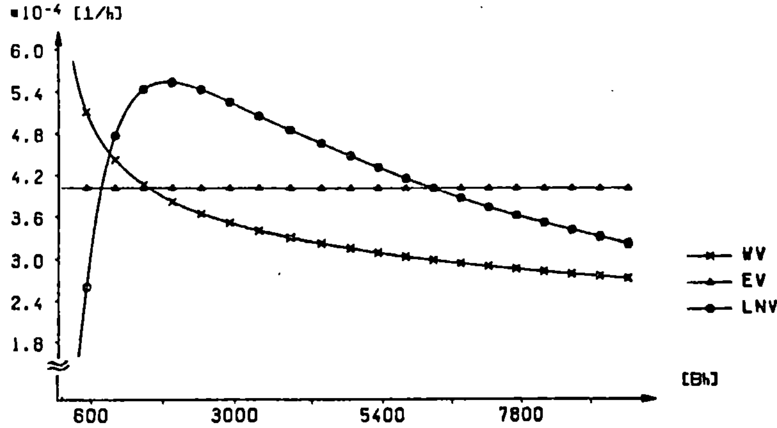

Abb.3.3: Ausfallraten des Bauteils (Vickerspumpe) einer Bergbau-
maschine in Abhängigkeit von der Approximation der empi-
rischen Ausfallverteilung durch unterschiedliche Wahr-
scheinlichkeitsverteilungen: Weibull-Verteilung (WV),
Exponentialverteilung (EV), log. Normalverteilung (LNV).
Abzisse: Lebensdauer in Betriebsstunden (BH). Ordinate:
Ausfallwahrscheinlichkeit pro Stunde. (entnommen aus
WILKE (1981, S. 29)).

Weibull-Verteilung, die logarithmische Normalverteilung, die Gammaverteilung sowie die Exponentialverteilung.

Da die ersten beiden Verteilungen in Abhängigkeit von
ihren Parametern sowohl monoton fallende, konstante als
auch monoton steigende Ausfallraten aufweisen, sind sie
prinzipiell zur Darstellung aller Ausfallverhalten
verwendbar. Die Exponentialverteilung eignet sich wegen
der konstanten Ausfallrate lediglich für die Beschreibung von Zufallsausfällen. Zur Verifizierung, welche
der genannten Verteilungen zur Repräsentation des Aus-
fallverhaltens heranzuziehen ist, wird der Chi-Quadrat-
Anpassungstest verwendet.[1] Bei empirischen Untersuchungen[2] hat sich gezeigt, daß oft eine Approximation durch mehrere unterschiedliche Verteilungen nicht
abzulehnen war. Die Abweichungen zwischen den Dichte-
funktionsverläufen waren also sehr gering und sig-
nalisieren nur die statistische Unsicherheit, die sich
bei allen solchen Berechnungen ergibt (Vgl. Abb. 3.2).

Sind die Ausfallfunktionen bestimmt, können auf ihrer
Grundlage Wahrscheinlichkeitsverteilungen des Bedarfs
aufgebaut und eine Vorhersage des Bedarfs berechnet
werden. Der Erwartungswert der Ausfälle und somit der
mittlere Ersatzteilbedarf einer beliebigen zukünftigen
Periode läßt sich folgendermaßen ermitteln: Der Bestand
an Produktionsanlagen - gegliedert nach Altersklassen -
wird mit der altersspezifischen Ausfallwahrscheinlichkeit multipliziert. Die Summe über alle Altersklassen
der so ermittelten altersspezifischen Ausfälle ergibt
die mittlere Zahl von Ausfällen in der Periode.

---

1) Vgl. SACHS (1974, S. 251 ff.).
2) Vgl. WILKE (1981).

Bisher sind Lebensdaueruntersuchungen meist im Hinblick
auf die Bestimmung von Instandhaltungsstrategien durchgeführt worden.[1] Bezüglich der Realisierung ergeben
sich für Lebensdaueruntersuchungen relativ starke Restriktionen. Diese einschränkenden Bedingungen betreffen sowohl die Datenerfassung an den einzelnen Anlagen,
als auch die Existenz weiterer nachgelagerter Einflußfaktoren. Dem Ansatz liegen drei generelle Annahmen
zugrunde:

- Bei dem Ausfall des Teils handelt es sich in jedem
  Fall um einen plötzlichen Totalausfall.
- Der Ersatz des ausgefallenen Bauteils erfolgt durch
  Neuteile oder generalüberholte Teile, die als neuwer-
  tig angesehen werden können.
- Die Ausfälle erfolgen unabhängig voneinander.

Implizit wird bei diesem Ansatz zudem unterstellt, daß
alle Ausfälle von Anlagenbauteilen zentral erfaßt
werden und genaue Angaben über Ein- und Ausbauzeit-
punkte vorhanden sind. Selbst für im Direktverkauf
abgesetzte Anlagenbestände kann eine Kenntnis aller
Ausfälle nicht vorausgesetzt werden. Dieser Mangel in
der Datenbasis zur Ermittlung der Verteilungsfunktion
wirkt sich nur bedingt aus, wenn die empirischen Daten
eine repräsentative Stichprobe über alle Ausfälle im
Zeitablauf darstellen.[2]

Eine weitere grundlegende Voraussetzung für Lebensdaueruntersuchungen sind Instandhaltungsstrategien, die
erst nach Eintritt eines Schadens durchgeführt werden
(Feuerwehrstrategien). Die Anwendung einer schadenbehebenden Strategie empfiehlt sich bei konstanten oder

---

1) Vgl. VOIGT (1973); WILKE (1981).
2) Vgl. LO (1982, S.63 f.).

sinkenden Ausfallraten eines Bauteils im Zeitablauf,
denn vorbeugende Instandsetzungsaktionen hätten hierbei
keinen oder sogar einen negativen Einfluß auf das Ausfallverhalten. Bei sinkenden Ausfallraten vermindert
sich das Ausfallrisiko eines Teils mit fortschreitender
Nutzungsdauer. Vorbeugende Instandhaltung würde somit
nur das Ausfallrisiko erhöhen. Bei konstanten Raten übt
die Nutzungsdauer keinen Einfluß auf das Ausfallrisiko
des betreffenden Teils aus. Sinkende Ausfallraten -
zumindest für einen begrenzten Zeitraum ihrer Nutzung -
weisen vor allem Hydraulikteile auf, während für elektronische Steuerungs- und Regelungseinheiten häufig
konstante Ausfallraten festzustellen sind.[1]

Eine Lebensdaueranalyse kommt vor allem für Teile in
Betracht, für deren Ausfall (Einsatzzeit) keine funktionalen Beziehungen zu vorherrschenden Einflußfaktoren
erkennbar sind.

Zur Bedarfsprognose für zentrale Ersatzteilläger sind
Lebensdaueranalysen dann geeignet, wenn die Ersatzteilnachfrage direkt vom Ausfall der betreffenden Teile
abhängt und in der Instandhaltung keine wesentlichen
weiteren Einflußfaktoren auftreten.

---

1) Vgl. KROESEN (1983, S.34).

3.1.3 Verbrauchsanalyse

Für einige Teile des Ersatzteilsortiments können Einflüsse aus dem Instandhaltungsbereich für den Nachfrageverlauf so prägnant sein, daß die Ersatzteilbedarfsprognose direkt bei der Instandhaltungsplanung ansetzen kann. Eine derartige Situation liegt immer dann vor, wenn weitere Bestimmungsgründe als der tatsächliche Ausfall des Bauteils zum Austauschprozeß führen. So werden, um den wirtschaftlichen Konsequenzen, die mit einem Ausfall verbunden sind, entgegenzuwirken, einige Bauteile in regelmäßigen Abständen vorbeugend ausgewechselt. Teilweise werden an den Produktionsanlagen in bestimmten Intervallen Instandhaltungsmaßnahmen in großem Umfang vorgenommen und in diesem Zusammenhang ebenfalls präventive Ersetzungen durchgeführt.

Eine wesentliche Entscheidung bei der Instandhaltungsplanung bezieht sich auf die Festlegung von Regeln, mit denen Art, Umfang und Zeitpunkt von Instandhaltungsaktionen bestimmt werden. Solche Regeln werden als Instandhaltungsstrategien bezeichnet.

Nach dem Kriterium "Schadenszeitpunkt" lassen sich vorbeugende und schadenbehebende Instandhaltungsstrategien unterscheiden. Feuerwehrstrategien bezeichnen Regelungen, Instandsetzungsaktionen ausschließlich nach Eintritt eines Schadensfalls zu ergreifen. Demgegenüber sind Präventivstrategien so ausgelegt, daß die Instandsetzungsmaßnahmen in der Regel vor Eintritt von schadenbedingten Störungen durchgeführt werden. Da sich der Zeitpunkt des Schadenseintrittes jedoch häufig nur begrenzt vorhersehen läßt, sind auch im Rahmen einer vorbeugenden Strategie störungsbedingte Instandsetzungen nicht vollkommen auszuschließen. Die Anwendung präventiver Instandhaltungsstrategien ist sinnvoll, wenn:

- die Komponenten der Anlage steigende Ausfallraten aufweisen und
- die Gesamtkosten der Durchführung geringer sind als die Gesamtkosten bei Verzicht auf prophylaktische Maßnahmen.

An dieser Stelle soll nicht explizit auf Bestimmungsgrößen der Strategieauswahl eingegangen, sondern vielmehr aufgezeigt werden, wie vorbeugende Instandsetzungsmaßnahmen zur Verbesserung der Bedarfsprognose beitragen.

Wesentliches Element der vorbeugenden Instandhaltung ist die Planbarkeit der Aktionszeitpunkte und des Arbeitsumfanges. Werden Präventivstrategien durchgeführt, so ergibt sich der Bedarf an Ersatzteilen über einen deterministischen Ansatz. Die für die Erbringung der Instandhaltungsleistungen benötigten Ersatzteilarten sind durch die Konstruktion der Anlage festgelegt. Menge und Zeitpunkt des Ersatzteilbedarfs einer Prognoseperiode lassen sich bei planmäßigem Einsatz aus dem Instandhaltungsprogramm für die jeweilige Produktionsanlage ermitteln.

Für einen Teil der Instandhaltungsmaßnahmen ergibt sich der im Einzelfall notwendige Güterverbrauch jedoch erst bei der Durchführung der Maßnahmen, da der genaue Arbeitsumfang erst nach Inspektion oder Demontage bekannt wird. Für eine Bedarfsprognose ist dann der Erwartungswert des Ersatzteilverbrauchs in der Vergangenheit heranzuziehen. Dazu wird aus den Vergangenheitsverbräuchen an Ersatzteilen und den durchgeführten Instandsetzungsaktionen ein mittlerer Verbrauchskoeffizient errechnet. Die Anzahl der für einen zukünftigen

Zeitabschnitt geplanten Instandsetzungsaktionen multipliziert mit dem Verbrauchskoeffizient ergibt die Bedarfsprognose.

In empirischen Untersuchungen im Rahmen dieser Studie haben sich solche relativ einfachen und robusten Prognoseansätze auch für mengenmäßig geringen Bedarf als zufriedenstellend erwiesen.

Eine zentrale Auswertung aller Primärinformationen aus dem Instandhaltungsbereich erschließt ein starkes Einsparungspotential durch Verbesserung der Prognosequalität in der Ersatzteilbewirtschaftung. Zur Realisierung ist eine zentrale Datenerfassung beim Hersteller zusammen mit einem entsprechenden Informationstransfer aus dem Instandhaltungsbereich unerläßlich. Wird die Instandhaltung von einer Vielzahl von Werkstätten durchgeführt, so können allein die technischen und organisatorischen Probleme der Datenerfassung ein großes Hindernis darstellen. Gehören die Instandhaltungsbetriebe zudem der Organisation des Anlagenverwenders an, hängt eine Realisation einer solchen Vorgehensweise, die prinzipiell im beiderseitigen Interesse liegt, von der Bereitschaft ab, einer Informationsübergabe zuzustimmen.

3.1.4 Zeitreihenanalyse

In den vorherigen Abschnitten wurde dargestellt, wie Informationen, die direkt bei der Nutzung oder Instandhaltung der Produktionsanlagen anfallen, zur Schätzung zukünftiger Nachfragen herangezogen werden können. Ist eine zentrale Datenerfassung nicht realisierbar, muß die Ersatzteildisposition auf den beim Hersteller vor-

handenen Informationen aufbauen. Die alleinige Grundlage, auf der Entscheidungen unabhängig vom Verwender
getroffen werden können, bildet der Nachfrageverlauf in
der Vergangenheit. Aus diesem Grund sollen nun Verfahren betrachtet werden, die aus der Analyse von
Vergangenheitsbedarf Aussagen über den Bedarf der Zu-
kunft ableiten. Dazu werden zunächst einige spezielle
Aspekte, die mit Nachfrageprozessen allgemein verbunden
sind, dargestellt.

Angaben bezüglich eines spezifischen Bedarfsfalles
umfassen generell vier Komponenten. Neben der Art des
Ersatzteils (qualitativ) und dem Bedarfsort (räumlich)
ist der Zeitpunkt (zeitlich) des Bedarfs und sein Umfang (quantitativ) anzugeben. Zur Spezifizierung von
mehreren Bedarfsfällen sind entsprechende Angaben bezüglich jedes einzelnen Vorfalls erforderlich. Bei der
Planung der Ersatzteildisposition im Zentrallager ergeben sich Bedeutungsunterschiede zwischen den vier Komponenten hinsichtlich der Anforderungen an die Exaktheit der Bedarfsprognose. Eine Schätzung der Nachfrage
hat sich zwar eindeutig auf eine Ersatzteilposition zu
beziehen, genaue Angaben über Bedarfsort und Zeitpunkt
sind zunächst von sekundärer Bedeutung. Deshalb ist es
üblich, bei der Bedarfsprognose bezüglich der zeitlichen Komponente zu aggregieren. Man faßt die räumlich
oder quantitativ verschiedenen Einzelbedarfe einer
Zeitperiode zu einer Gesamtnachfrage zusammen. Im folgenden wird unterstellt, daß der Vergangenheitsbedarf
bezüglich einer zugrundegelegten Zeitperiode aggregiert
wurde und nun Aussagen über die quantitative Komponente
des Bedarfs zukünftiger Perioden zu machen sind.

Die Zeitreihenanalyse versucht, den Bedarfsverlauf in
Abhängigkeit von der Zeit zu beschreiben. Gedanklich

werden dazu die beobachteten Bedarfswerte als Zufallsvariablen aufgefaßt, die einer unbekannten empirischen Wahrscheinlichkeitsverteilung unterliegen. Aus den Ausprägungen der Zufallsvariablen in der Vergangenheit wird eine mathematisch darstellbare Wahrscheinlichkeitsverteilung bestimmt, die die unbekannte empirische Bedarfsverteilung möglichst gut approximiert.

Da die Zeitreihenanalyse das einzige Prognoseverfahren darstellt, das unabhängig vom Verwender eine Vorhersage des zukünftigen Bedarfs liefert, wird in dem hier vorzustellenden Modell ein solcher Prognoseansatz zugrunde gelegt. Darüber hinaus vorhandene Informationen aus dem Instandhaltungsbereich werden in Form von Zusatzinformationen explizit berücksichtigt.

In einem nächsten Abschnitt wird auf die Verfahren der Bedarfsprognose mittels Zeitreihenanalyse im Fall von Ersatzteilnachfrage eingegangen.

3.2 Ersatzteilbedarfsprognose mittels Zeitreihenanalyse

Zur Approximation der empirischen Nachfrageverteilung durch eine mathematische Verteilungsfunktion ist zunächst ein Verteilungstyp auszuwählen und für diesen dann eine Parameterschätzung durchzuführen. Die Auswahl der Wahrscheinlichkeitsverteilung hat sich an der Struktur der Nachfrage zu orientieren. Bevor auf die Prognose explizit eingegangen wird, soll eine Analyse und Klassifikation der Bedarfsstruktur vorgenommen werden.

3.2.1 Klassifikation der Bedarfsstruktur

Vergleicht man die Nachfragezeitreihen von verschiedenen Ersatzteilen, so sind intuitiv zwei Extrempositionen zu erkennen:
- in allen Perioden nimmt der Bedarf einen annähernd gleichen Umfang an
- die Bedarsfhöhe variiert sehr stark; in vielen Perioden tritt kein Bedarf auf, in einigen wenigen ein sehr hoher.

Eine exakte Einteilung der Ersatzteile hinsichtlich der Nachfragestruktur erweist sich als äußerst problematisch. In der Literatur[1] wird meist zwischen regelmäßigem, sporadischem und seltenem Bedarf unterschieden.

Die definitorischen Abgrenzungen der Bedarfsarten beziehen sich zumeist nur auf eine Klasse und sind entweder ganz allgemein gehalten oder auf spezielle Anwendungen zugeschnitten. Als Beispiel seien hier die folgenden Abgrenzungen des sporadischen Bedarfs vorgestellt:

Sporadischer Bedarf:[2]
- während 50 % des beobachteten Zeitraums ist die Nachfrage gleich Null
- während 80 % des Zeitraums ist die Zahl der Bestellungen bzw. Entnahmen Null oder Eins
- in Ballungsintervallen ist der Bedarf 300 - 400 % der mittleren absoluten Abweichung
- die mittlere absolute Abweichung ist etwa gleich dem Durchschnittsbedarf.

---

1) Einen umfassenden Literaturüberblick liefert WILLIAMS (1984).
2) Vgl. IBM Impact Handbuch (1965, S. 24 ff.).

Stark sporadisch:[1]
- Die Höhe der Nachfrage beträgt mindestens das Zehn-
  fache des durchschnittlichen Wochenbedarfs.

Schwach sporadisch:
- der Durchschnittsbedarf während der Wiederbeschaffungsfrist beträgt weniger als zehn Einheiten.

Nicht sporadisch:
- keines der Kriterien trifft zu.

Nachfragemengen werden als sporadisch bezeichnet, wenn
in sehr vielen Zeitperioden überhaupt keine oder nur
sehr geringe Nachfrage nach einem zu lagernden Gut
herrscht, um dann in einigen wenigen Perioden sprung-
haft anzusteigen.[2]

Neben den Unzulänglichkeiten in bezug auf Exaktheit und
Eindeutigkeit weisen die meisten Klassifikationen fol-
gende Schwachpunkte auf:
- Definitionen, die quantitative Kriterien enthalten,
  sind nicht dimensionslos und damit auf ein spezielles
  Problem bezogen.
- Allgemeine Abgrenzungen liefern in praktischen Fällen
  keine anwendbaren Kriterien zur Klassifikation.

Da eine Klassifikation der Zeitreihe vorgenommen werden
soll, um einen geeigneten Verteilungstyp zur Approximation ihrer Häufigkeitsverteilung zu bestimmen, liegt
.der Gedanke nahe, die charakterisierenden Merkmale von
Häufigkeitsverteilungen zur Strukturanalyse heranzuziehen. Kriterien zur Charakterisierung eindimensiona-
ler Häufigkeitsverteilungen gliedern sich in:[3]

---

1) Vgl. WILLIAMS (1984, S. 939).
2) Vgl. WEDEKIND (1968, S. 1).
3) Vgl. SACHS (1974, S. 70).

- Lokalisationsmaße:
  Maße für die mittlere Lage einer Verteilung (arithmetischer, geometrischer, harmonischer Mittelwert, Median, Modalwert)
- Dispersionsmaße:
  Maße, die die Variabilität der Verteilung kennzeichnen (Standardabweichung, Variationskoeffizient)
- Formmaße:
  Maße, die die Abweichung einer Verteilung von der Normalverteilung charakterisieren (Potenzmomente 3. und 4. Ordnung).

Alle Definitionen zur Klassifikation von Bedarfsreihen stimmen darin überein, daß zur Kennzeichnung ein Lokalisationsmaß nicht ausreicht. Uneinigkeit herrscht darüber, welche weiteren Charakteristika zur Klassifikation herangezogen werden sollen.

3.2.1.1 Variabilität der Häufigkeitsverteilung

Wegen ihrer numerischen Eigenschaften kam der Normalverteilung schon immer eine große Bedeutung bei der Approximation empirischer Verteilungen zu. Daher werden zunächst Kriterien entwickelt, die auf die Möglichkeit der Approximation des Zufallsprozesses durch eine Normalverteilung abstellen. Bei einer solchen Vorgehensweise ergeben sich zwei systematische Fehler, da die empirischen Nachfragewerte stets ganzzahlig und darüberhinaus in der Regel positiv sind.

Zum einen führt die Approximation diskreter Nachfrageverteilungen durch stetige Wahrscheinlichkeitsverteilungen zu Rundungsfehlern bei der Prognose, deren Bedeutung mit sinkendem Mittelwert zunimmt, die in der

Regel aber vernachlässigbar sind. Der zweite Fehler
ergibt sich aus der Tatsache, daß die Dichtefunktion
der Normalverteilung über den ganzen Bereich der reellen Zahlen verläuft. Damit ist die Wahrscheinlichkeit,
daß die Zufallsvariable (Bedarfshöhe) negative Werte
annimmt, grundsätzlich positiv.

Für die Normalverteilung läßt sich eine Abschätzung
dieses Fehlers in Abhängigkeit vom Variationskoeffizienten angeben (Vgl. Tab. 3.1). Als Variationskoeffizienten einer Verteilung bezeichnet man den Quotienten
aus Standardabweichung und Mittelwert der Verteilung.

Var	0.3	0.5	1	2
P(X<0)	0.1%	2%	16%	30%

Tab. 3.1: Wahrscheinlichkeit, daß eine normalverteilte
Zufallsvariable einen negativen Wert annimmt
(P(X<0)) in Abhängigkeit vom Variationskoef-
fizienten (Var).

Aus den Angaben in Tabelle 3.1 kann unmittelbar gefolgert werden, daß für Bedarfsstrukturen mit einem Variationskoeffizienten größer 0.5 eine Approximation durch
eine Normalverteilung nicht vertretbar ist. Jedoch
läßt sich aus der Fehlerabschätzung ein sinnvolles und
dimensionsloses Kriterium zur Klassifikation von Zeitreihen herleiten.

Eine Zeitreihe heißt regelmäßig, wenn der zugehörige
empirische Variationskoeffizient einen Wert kleiner 0.5
annimmt. Andernfalls wird sie als sporadisch bezeichnet.[1]

---

[1] Diese Definition ist in ihren Anfängen auf TRUX
(1968, S. 132 f.) zurückzuführen.

Für Zeitreihen der Ersatzteilnachfrage, die häufig sehr
unregelmäßig auftritt, haben sich in empirischen Untersuchungen[1] Variationskoeffizienten größer 1 als charakteristisch erwiesen.

3.2.1.2 Form der Häufigkeitsverteilung

Weitere wichtige Kriterien zur Charakterisierung einer
Verteilung stellen die Formmaße Schiefe und Wölbung
dar. Eine Verteilung wird als schief bezeichnet, wenn
sie nicht symmetrisch um den Mittelwert angeordnet ist.
Liegt der Hauptteil auf der linken Seite konzentriert,
so heißt die Verteilung linksschief (positive Schiefe).
Die Wölbung ist eine Maßgröße, die das Maximum der
Häufigkeitsverteilung mit dem Modalwert der Normalverteilung vergleicht. Liegt es bei gleicher Varianz
höher, spricht man von positiver Wölbung, andernfalls
von negativer.

Zur Messung von Schiefe und Wölbung werden die zen-
trierten Potenzmomente 3. bzw. 4. Ordnung herangezogen.
Als Potenzmomente einer Zufallsvariablen X mit Erwartungswert E(X) bezeichnet man die Erwartungswerte
höherer Potenzen von X oder E(X). Dabei heißen:

- $E(X^r)$: r-tes Moment von X (Moment r-ter Ordnung)
- $E((X-E(X))^r)$: r-tes zentriertes Moment von X.

Die Praxisrelevanz dieser zusätzlichen Kriterien zur
Klassifikation von Bedarfsreihen wird zunächst davon
beeinflußt, inwieweit bei der Ersatzteilnachfrage Zeitreihen auftreten, deren Häufigkeitsverteilungen ein
hohes Maß an Schiefe und Wölbung aufweisen.

---

1) Vgl. Tabelle 6.1; JÖHNK/RUBOW/WETZEL(1967, S. 28).

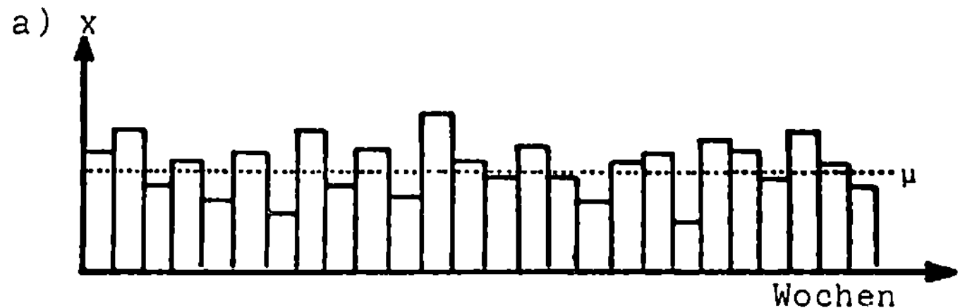

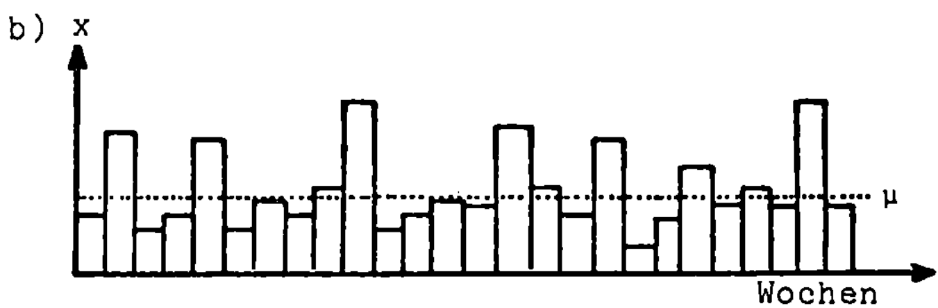

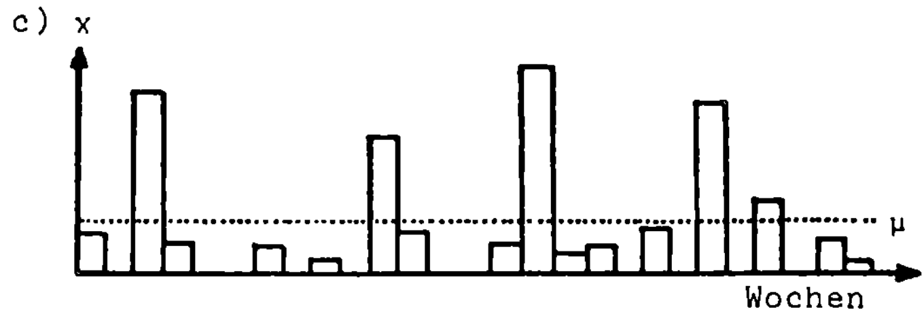

Abb. 3.4: Nachfragezeitreihen a), b), c), (periodenweise aggregiert) mit unterschiedlichen Bedarfsraten. μ : Mittelwert der Periodenbedarfe x. (Entn. aus SPRING (1975, S.17).

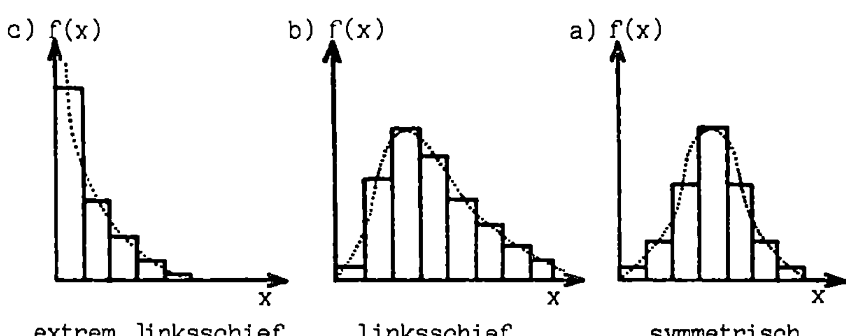

Abb. 3.5: Form der empirischen Häufigkeitsverteilung der Periodenbedarfe bei unterschiedlichen Nachfragezeitreihen a), b), c). Anzahl der Perioden (f(x)) deren Periodennachfrage x innerhalb der spezifizierten Klassenliegt. (Entnommen aus SPRING (1975, S. 16).

Empirische Untersuchungen[1] zeigen, daß die in der Praxis auftretenden Bedarfsverteilungen in den seltensten Fällen symmetrisch sind, sondern fast immer einen linksschiefen Verlauf aufweisen. Verteilungen von Artikeln mit niedrigen Bedarfsraten tendieren zu einer extrem linksschiefen Form und das Maximum (Modalwert) der Häufigkeitsverteilung liegt links vom Mittelwert. Mit steigender Bedarfsrate verringert sich dann die Schiefe tendenziell und der Modalwert strebt gegen den Mittelwert der Verteilung[2] (vgl. Abb. 3.4; 3.5).

Charakteristisch für die Ersatzteilnachfrage sind Zeitreihen, in denen viele Perioden ohne bzw. mit geringer Nachfrage einigen wenigen Zeitabschnitten mit hoher Nachfrage gegenüberstehen. Die zugehörige Häufigkeitsverteilung nimmt ihr Maximum in der Nähe von Null an, sie ist aber auch für große Werte noch positiv. Daraus ergeben sich Häufigkeitsverteilungen, die in unterschiedlichem Ausmaß linksschief verlaufen.

Für den Ersatzteilbedarf typisch sind also sporadische Nachfragezeitreihen, deren Häufigkeitsverteilungen einen linksschiefen Verlauf aufweisen.

3.2.2 Auswahl von Wahrscheinlichkeitsverteilungen

Eines der zentralen Probleme in der Lagerhaltung besteht darin, einen Verteilungstyp zu bestimmen, mit dem die empirische Nachfrageverteilung in geeigneter Weise approximiert werden kann. In den folgenden Abschnitten wird auf den Auswahlprozeß explizit eingegangen.

---

1) JÖHNK/RUBOW/WETZEL (1967, S. 26 ff.);
   HOLT/MODIGLIANI/MUTH/SIMON (1960, S. 281 ff.);
   BABER (1973, S. 414).
2) Vgl. SPRING (1975, S. 15 f.).

3.2.2.1 Anpassungsfähigkeit der Verteilung

In der Literatur ist eine ganze Reihe unterschiedlicher Wahrscheinlichkeitsverteilungen für die Lagerhaltungs-disposition herangezogen worden.[1] Den Charakteristika Schiefe und Wölbung wurde dabei bislang wenig Bedeutung beigemessen. In den meisten Veröffentlichungen und daraus resultierend in allen auf dem Markt angebotenen EDV-Programmen für die Lagerbewirtschaftung wird die Schiefe der Bedarfsverteilung als Null unterstellt und damit die Verteilung als symmetrisch angenommen.[2]

Die Vielfalt der verwendeten Verteilungen wurde mit einer Veröffentlichung von NADDOR[3] in Frage gestellt, in der er die Meinung vertrat, daß der Form der Vertei-lung eine wesentlich geringere Bedeutung beizumessen sei als dem Mittelwert und der Standardabweichung.

KOTTAS und LAU[4] argumentieren dagegen, daß zweipara-metrige Verteilungen generell zu restriktiv für eine realistische Approximation der Nachfrageverteilung seien. Eine geeignete Dichtefunktion müsse mindestens über vier Parameter verfügen, um die vier Charakte-ristika Mittelwert, Varianz, Schiefe und Wölbung unab-hängig voneinander anpassen zu können. Damit unter-stellen sie implizit, daß Schiefe und Wölbung signifi-kante Auswirkungen auf die Lösung des Lagerhaltungspro-blems haben.

---

1) Als Beispiel seien hier genannt: Exponentialvertei-lung: COHEN/PEKELMAN (1978); CURLEY (1978). Gamma-verteilung BURGIN (1975); TAYLOR/LAMPKIN (1976); SCHNEIDER (1978). Logarithmische Normalverteilung: CROUCH/OGLESBY (1978); RUTZ (1975). Weibull-Vertei-lung: TADAKIMALLA (1978).
2) Vgl. SPRING (1975, S. 15), SCHNEIDER (1979, S. 120).
3) Vgl. NADDOR (1978).
4) Vgl. KOTTAS/LAU (1979).

Für eine systematische Analyse mußten Verteilungen
herangezogen werden, die bei Konstanz von Mittelwert
und Varianz eine Vielzahl unterschiedlicher Formen
annehmen können. Es ist einsichtig, daß ein solches
mathematisches System von Dichtefunktionen mindestens
über vier unabhängige Parameter verfügen muß. In der
Literatur ist eine Reihe von vierparametrigen Vertei-
lungsfunktionssystemen entwickelt worden, deren bekann-
teste das PEARSON-System[1] und das SCHMEISER-DEUTSCH-
System[2] sind. Das PEARSON-System ist dabei von besonderem Interesse, da es eine Reihe von Spezialfällen
enthält (Normal-, Gleich-, Exponential- und Gammaverteilung), die in der Lagerhaltungstheorie häufig Verwendung gefunden haben.

Eingehende Untersuchungen[3] haben gezeigt, daß die Form
der Verteilung im allgemeinen einen maßgeblichen Einfluß bei der Festlegung der Dispositionsparameter in
Lagerhaltungsmodellen hat. Allerdings nimmt diese Abhängigkeit mit der Länge der Wiederbeschaffungszeit und
der Höhe des angestrebten Lieferbereitschaftsgrades
wieder ab. Eine beispielhaft durchgeführte Analyse[4]
mit hohen Lieferbereitschaftsgraden und fünf verschiedenen Wahrscheinlichkeitsverteilungen bestätigt diese
Erkenntnisse.

Berücksichtigt man jedoch, daß Schiefe- und Wölbungs-
maße einer Verteilung sehr stark auf extreme Ausprägungen der empirischen Werte reagieren und deshalb mit
großen Schätzfehlern behaftet sind, so erscheint eine

---

1) Vgl. PEARSON (1895).
2) Vgl. SCHMEISER/DEUTSCH (1977).
3) Vgl. LAU/ZAKI (1982).
4) Vgl. FORTUIN (1980).

generelle Berücksichtigung der Formparameter bei der
Approximation der Nachfrageverteilung gerade im Falle
sehr sporadischen Bedarfs nicht angebracht. Da die
auftretenden Zeitreihen ein breites Spektrum von extrem
linksschief bis nahezu symmetrisch umfassen, werden nur
Wahrscheinlichkeitsverteilungen zur Approximation in
Betracht gezogen, die unterschiedliche Schiefen annehmen können.

3.2.2.2 Numerische Aspekte

Bei der Auswahl des Verteilungstyps sind nur solche
Wahrscheinlichkeitsverteilungen in Betracht zu ziehen,
die in mathematisch geschlossener Form vorliegen und
den Ansprüchen hinsichtlich der numerischen Handhabbar-
keit genügen. Für die Planung der Dispositionsstrategie
in Lagerhaltungsmodellen wird die Kenntnis der Bedarfsverteilung für die Wiederbeschaffungsfrist benötigt.
Daher ist aus den Wahrscheinlichkeitsverteilungen der
Bezugsperioden eine Wahrscheinlichkeitsverteilung für
den Bedarf in der Wiederbeschaffungsfrist des Ersatzteils zu berechnen. Als weiteres Selektionskriterium
bei der Auswahl des Verteilungstyps kommt also hinzu,
daß diese Verteilung hinreichend einfach zu ermitteln
ist.

Zur Approximation der empirischen Verteilung, die in
der Regel nur ganzzahlige Werte annimmt, können sowohl
diskrete als auch stetige Wahrscheinlichkeitsverteilungen herangezogen werden.

Von den diskreten Wahrscheinlichkeitsverteilungen findet die Poissonverteilung für Zwecke der Lagerhaltung
am häufigsten Anwendung. Sie weist die Besonderheit

auf, daß Mittelwert und Varianz den gleichen Wert annehmen. Für empirische Zeitreihen wird das in den seltensten Fällen zutreffen. Damit ist die Anwendbarkeit
dieser Verteilung trotz ihrer numerischen Vorteile für
viele Artikel in Frage zu stellen. Die Hypergeome-
trische Verteilung dagegen erweist sich sowohl wegen
ihrer Struktur als auch aus rechentechnischen Gründen
als ungeeignet. Unter praktischen und theoretischen
Gesichtspunkten kommen bei der Wahl einer diskreten
Bedarfsverteilung in erster Linie die Geometrische und
die Binomial-Verteilung in Betracht. Die Verwendung von
diskreten Verteilungen in Lagerhaltungsmodellen wird
jedoch vorwiegend aus rechentechnischen Gründen von
verschiedenen Autoren als nachteilig abgelehnt.[1]

Verwendet man eine stetige Wahrscheinlichkeitsverteilung zur Approximation einer ganzzahligen empirischen
Häufigkeitsverteilung, so ist damit immer ein grund-
sätzlicher Fehler verbunden. Eine stetig verteilte
Zufallsvariable nimmt im Gegensatz zu den empirischen
Daten auch nichtganzzahlige Werte an. Dieser Umstand
schlägt sich in Form von Rundungsfehlern bei der Berechnung der Vorhersage nieder. Dabei wird der relative
Fehler um so größer, je geringer der Mittelwert ist.

Aus der Klassifikation von sporadischem Bedarf ergibt
sich unmittelbar, daß eine Normalverteilung zur Approximation nicht herangezogen werden kann, da sie sich
über den ganzen reellen Zahlenbereich erstreckt. Die
logarithmische Normalverteilung dagegen ist nur für
positive Werte definiert, weist jedoch erhebliche andere Nachteile auf. Extrem schiefe Verteilungen lassen
sich mit ihr nicht hinreichend genau approximieren. Sie
ist rechentechnisch schwer zu handhaben und ihre Fal-

---

1) Vgl. SPRING (1975, S. 56).

tung gestaltet sich schwierig. Die negative Exponentialverteilung bietet als einparametrige Verteilung numerische Vorteile. Probleme in der praktischen Anwendung ergeben sich dadurch, daß die Dichtefunktion einen monoton fallenden Verlauf aufweist und darüber hinaus unabhängig von der Parameterwahl eine konstante Schiefe annimmt.

Wenig Beachtung aus der Sicht der Lagerhaltung hat bislang die Gammaverteilung gefunden. Sie soll im weiteren explizit vorgestellt werden.

3.2.2.3 Gammaverteilung

Eine reellwertige Zufallsvariable X heißt gammaverteilt mit den Parametern α und k, wenn sie folgende Dichtefunktion besitzt:

$$f(x) = \frac{\alpha^k}{\Gamma(k)} \cdot x^{k-1} \cdot e^{-\alpha x} \qquad \begin{array}{l} x \in \mathbb{R},\ x>0, \\ \alpha \in \mathbb{R},\ \alpha \geq 0, \\ k \in \mathbb{R},\ k>0. \end{array}$$

Der Term $\Gamma(k)$ bezeichnet die Gammafunktion:

$$\Gamma(k) = \int_0^\infty e^{-x} \cdot x^{k-1}\, dx \ .$$

Eine gammaverteilte Zufallsvariable X hat den Mittelwert $\mu = \frac{k}{\alpha}$, die Varianz $\sigma^2 = \frac{k}{\alpha^2}$

Als r-tes Moment der Gammaverteilung ergibt sich:

$$\mu_r = \int_0^\infty x^r \cdot f(x)\, dx = \frac{\Gamma(k+r)}{\alpha^r \Gamma(k)}\ .$$

Der Parameter α der Gammaverteilung ist ein Skalierungsparameter. Der Parameter k wird als Modulus bezeichnet und bestimmt die Form der Verteilung. Für
0<k≤1 zeigt die Dichtefunktion einen monoton fallenden
Verlauf. Für k>1 ergibt sich eine unimodale linksschiefe Verteilung. Das Maximum der Dichtefunktion
(Modalwert) liegt bei (k-1)/α. Mit steigendem Moduluswerten k→∞ strebt die Verteilung gegen die Normalverteilung (Vgl. Abb. 3.6).

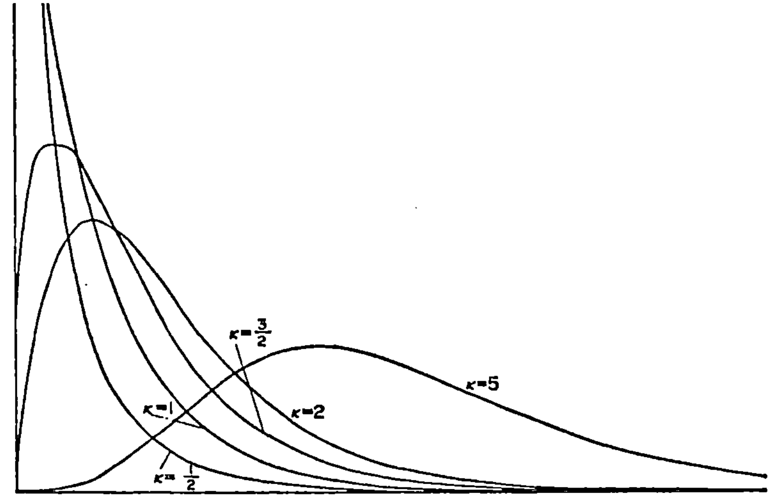

Abb. 3.6: Formen der Gammaverteilung für unterschiedliche Werte des Modulus k. (Entnommen aus
BURGIN (1975, S. 510)).

Die Gammaverteilung läßt sich als k-fache Faltung der
Exponentialverteilung mit der Dichtefunktion
$f(x) = \alpha \cdot e^{-\alpha x}$ interpretieren. Die Exponentialverteilung
stellt somit einen Sonderfall der Gammaverteilung für
k=1 dar.

Zur Approximation sporadischer Nachfragezeitreihen weist die Gammaverteilung eine Reihe von Vorzügen auf:[1]

- sie ist nur für nichtnegative Werte definiert
- sie ist eine zweiparametrige Verteilung, die eine genügend genaue Approximation aller zwischen extrem linksschief und symmetrisch liegenden Formen eingipfliger Verteilungen erlaubt
- die Schiefe der Verteilung kann bei entsprechender Veränderung der Varianz unabhängig vom Mittelwert variiert werden
- für $k \rightarrow \infty$ wird die Normalverteilung approximiert
- sie enthält die Exponentialverteilung als Spezialfall
- sie ist hinreichend vertafelt
- die Bedarfsverteilung in der Wiederbeschaffungsfrist ergibt wieder eine Gammaverteilung.

Im weiteren wird zur Approximation der Häufigkeitsverteilung einer sporadischen Nachfragezeitreihe eine Gammaverteilung verwendet.

---

1) Vgl. BURGIN (1975, S. 508 f.).

4 Ziele der Ersatzteillagerhaltung

Idealtypisch gesehen hat sich jede in einer Unternehmung zu treffende Entscheidung direkt am geltenden Zielsystem dieser Organisation zu orientieren. Da sich diese Oberziele für die konkrete Planung der einzelnen Teilbereiche der Unternehmung in der Regel als zu global und unpräzise erweisen, versucht man durch Vorgabe operationaler Zwischen- und Unterziele alle Teilentscheidungen zu koordinieren und auf die Oberziele auszurichten. In diesem Kapitel werden operationale Teilplanungsziele für die Disposition der Ersatzteillagerhaltung beim Hersteller abgeleitet.

4.1 Lagerhaltungssituation

In der Praxis auftretende Lagerhaltungssituationen zeichnen sich in der Regel dadurch aus, daß die Dispositionsentscheidungen für ein ganzes Sortiment von Lagerpositionen zu treffen sind. Bei der Lagerung beanspruchen die einzelnen Artikel Teile gemeinsamer Lagerkapazitäten, die im Rahmen einer kurzfristigen Betrachtungsweise als unveränderbar angesehen werden. Daraus ergeben sich artikelübergreifende Restriktionen, die von der Gesamtheit der zu lagernden Produkte einzuhalten sind. So stellt etwa die Größe und Ausstattung des Lagerraumes eine Grenze für die Gesamtlagermenge der Ersatzteile dar. Der Umfang der gesamten Bestell- und Einlagerungsaktivitäten wird von der Handlingkapazität begrenzt.

Bei der Problemanalyse sind nun die Interdependenzen, die zwischen den einzelnen Ersatzteilen bezüglich der Inanspruchnahme der knappen Resourcen bestehen, expli-

zit zu berücksichtigen[1]. In einem Mehrprodukt-Ansatz,
der den gemeinsamen Restriktionen durch Zielformulierungen für die Gesamtheit der Produkte Rechnung trägt,
sind die Dispositionsparameter für alle Ersatzteilpositionen simultan zu bestimmen.

Solche Mehrprodukt-Ansätze werden in der Theorie seit
1965 verstärkt diskutiert[2]. Allerdings handelt es sich
bei den vorgestellten Modellen meist nicht um echte
Simultanoptimierungen. So werden etwa, um den Lager-
platz gleichmäßig auszunutzen, lediglich gekoppelte
Einlagerungsstrategien vorgesehen[3] oder, um den Vorteil von Sammelbestellungen zu integrieren, die arti-
kelspezifischen Bestellregeln zu gruppenbezogenen er-
weitert[4].

Diese Modelle sind bereits von der theoretischen Grundlage her sehr anspruchsvoll und führen zu komplexen
Bestellregeln. In praktischen Lagerhaltungssituationen
mit mehreren tausend Lagerpositionen sind diese Ansätze
zudem wegen ihres enormen Rechenaufwandes nicht ein-
zusetzen.

Die in der Praxis realisierte Vorgehensweise, die auch
in der Theorie eine dominierende Stellung einnimmt,
sieht die Aufspaltung der gesamten Mehrprodukt-Proble-
matik in unabhängige Einprodukt-Modelle vor. Bei dieser
Reduktion der Dispositionsentscheidung auf produktspe-
zifische Festlegung der Bestellregeln ergeben sich zwei
prinzipielle Probleme. Zum einen ist die Einhaltung der
gemeinsamen Restriktionen durch die Gesamtheit der
Ersatzteile sicherzustellen; zum anderen sind produkt-
spezifische Zielsetzungen so zu formulieren, daß die

---

1) Vgl. TEMPELMEIER (1983, S. 190).
2) Vgl. ASSFALG (1976, S. 59 ff.).
3) Vgl. KLINGST (1971).
4) Vgl. BALINTFY (1964); JOHNSON (1967).

ermittelten Dispositionsstrategien zur Realisierung der gesamtlagerbezogenen Ziele beitragen.

In den folgenden Ausführungen wird von einer Aufspaltung der Mehrprodukt-Situation in unabhängige Einprodukt-Ansätze ausgegangen und zunächst die Formulierung operationaler Zielsetzungen für die einzelnen Ersatzteilpositionen analysiert.

4.2 Kostenminimierungsansatz

Das Handeln von Unternehmungen in marktwirtschaftlichen Systemen wird in der Regel vom erwerbswirtschaftlichen Prinzip geleitet.[1] Seinen Ausdruck findet es im Erfolgstreben. Der Unternehmenserfolg einer Periode ergibt sich als Differenz aus Erlösen und Kosten innerhalb des zugrundegelgeten Zeitraumes. Als Erlöse definiert man den betriebszweckgebundenen bewerteten Güterabsatz, als Kosten den betriebszweckgebundenen bewerteten Güterverbrauch.

Erfolgsziele in Unternehmungen können nun in vielfältiger Form auftreten. Hinsichtlich der Zielgröße unterscheidet man absolute und relative (Rentabilität) Ziele. Bezüglich des Zeitbezugs ist zu differenzieren zwischen einer sich auf die gesamte Lebensdauer der Unternehmung erstreckenden Sicht (Totalgewinn, -rentabilität) und der Ausrichtung auf kürzere Teilperioden (Periodengewinn, -rentabilität). Unter der Annahme, das dominierende Oberziel der Unternehmung leite sich aus dem erwerbswirtschaftlichen Prinzip ab und sei durch einen absoluten periodenbezogenen Erfolgsbegriff als Zielgröße gekennzeichnet, soll nun eine oberzielkonforme Subzielformulierung für die Ersatzteillagerhaltung hergeleitet werden.

---

1) Vgl. HEINEN (1983, S. 32).

Die überwiegende Mehrzahl der Lagerhaltungsmodelle geht
von einem Kostenminimierungsansatz als Zielformulierung
aus. Diese generelle Einschränkung der Erfolgszielgröße
auf den Kostenbestandteil wird in der Regel damit begründet, daß die Erlöse von der Lagerdisposition kaum
beeinflußt werden. Das Subziel der Lagerhaltung im
Rahmen der Materialwirtschaft (Beschaffungs- und
Zwischenläger) leitet sich aus dem Wirtschaftlichkeits-
prinzip ab. Die bedarfsgerechte Materialbereitstellung,
als originäre Aufgabe der Materialwirtschaft (Sachziel), hat unter Minimierung der damit verbundenen
Kosten (Formalziel) zu erfolgen.[1] Ein äquivalentes
Sachziel läßt sich für die Ersatzteilwirtschaft nicht
ableiten. Die Oberzielkonformität eines Kostenminimierungsziels muß hier anders begründet werden, denn im
Falle der Ersatzteillagerhaltung beim Hersteller (Ab-
satzlager) ergeben sich direkte Verbundbeziehungen
zwischen der Erlösrealisation und der Ersatzteildisposition, die in der Zielformulierung explizit zu berücksichtigen sind.

Obwohl von der Ersatzteildisposition direkte und indirekte Auswirkungen auf den Ersatzteil- und Anlagenabsatz ausgehen, kann unterstellt werden, daß das Potential der zukünftigen Ersatzteil- und Anlagennachfrage
von der Ausgestaltung der Disposition weitgehend un-
beeinflußt ist. Der potentielle Ersatzteilbedarf beim
Verwender für die abgesetzten Produktionsanlagen ist
primär auf den technischen Verschleiß zurückzuführen.
Das Nachfragepotential von Produktionsanlagen wird
zunächst von den technischen und ökonomischen Leistungsmerkmalen bestimmt. Die Ausgestaltung der Disposition beeinflußt jedoch den mengenmäßigen Anteil

---

1) Vgl. GROCHLA (1978, S. 18).

dieses potentiellen Bedarfs, der zu einer Nachfrage beim Hersteller führt. Ausgehend von einem festen Ersatzteil- und Anlagennachfragepotential werden Erlösminderungen durch Nichtrealisation des Nachfragepotentials beim Hersteller dann in Form von Deckungsbeitragsentgang den Lagerhaltungskosten zugerechnet.

Unter diesen Annahmen kann für die Ersatzteillagerhaltung beim Hersteller die Verwendung eines Kostenminimierungsansatzes als oberzielkonforme Zielformulierung aus dem erwerbswirtschaftlichen Prinzip abgeleitet werden.

4.2.1 Ermittlung entscheidungsrelevanter Lagerkosten

Die Gesamtheit der Kosten, die im Zusammenhang mit der Lagerhaltung entstehen bzw. durch sie bedingt sind, wird unter dem Begriff Lagerkosten zusammengefaßt.

Üblicherweise unterscheidet man drei Hauptkostenarten:
- Beschaffungs- oder Bestellkosten:
  Kosten, die durch den Vorgang der Beschaffung von Gütern zur Lagerung verursacht werden.
- Lagerungskosten:
  Kosten, die durch die Lagerung der Güter entstehen.
- Fehlmengenkosten:
  Kosten, die anfallen, wenn die Nachfrage nicht termingerecht erfüllt wird.

Damit ein Kostenminimierungsansatz für das Dispositionsproblem eine adäquate und operationale Teilzielformulierung darstellt, sind in der Zielgröße nur die von den Dispositionsparametern abhängigen Kosten zu erfassen. Daraus folgt, daß nur zukünftig anfallende

Kosten zu berücksichtigen sind und nur insoweit, als sie tatsächlich von den betrachteten Dispositionsentscheidungen beeinflußt werden. Aber auch Kosten, die erst zukünftig anfallen, sind dann als nicht relevant einzustufen, wenn sie auf Entscheidungen in der Vergangenheit basieren und nicht mehr verändert werden können.

Unter entscheidungsrelevanten Kosten sollen hier erwartete zukünftige, noch beeinflußbare, alternativenspezifische Kosten verstanden werden[1].

Vor der Anwendung von Einprodukt-Modellen ist also zu klären, welche Bestandteile bei den Lagerkosten für die Festlegung einer Dispositionstrategie relevant sind. Dieses Unterproblem ist nun keineswegs als trivial einzustufen. Eine vergleichende Analyse[2] zeigt, daß in der Literatur weitgehend Uneinigkeit darüber herrscht, welche Kosten von der Dispositionsentscheidung beeinflußt werden und wie diese zu erfassen sind. In rein theoretisch orientierten Arbeiten wird diesem Aspekt meist keine besondere Beachtung geschenkt. Die praktische Anwendbarkeit der entwickelten Modelle ist dann aufgrund der oftmals rigorosen Anforderungen hinsichtlich der benötigten Kosteninformationen in Frage zu stellen.

Im folgenden werden für die drei Hauptkostenarten der Lagerhaltung in einzelnen Abschnitten die entscheidungsrelevanten Kostenbestandteile herausgearbeitet und die Ermittlungsproblematik dargestellt.

---

1) Vgl. HUMMEL (1981, Sp. 970).
2) Vgl. SCHNEEWEIß (1979).

4.2.1.1 Beschaffungskosten

Als Beschaffungskosten werden diejenigen Kosten bezeichnet, die durch den Beschaffungsvorgang für eine
Ersatzteilposition verursacht werden. Der Beschaffungsvorgang schließt sämtliche Aktivitäten von der Bestellauslösung bis zur Einlagerung und Rechnungsbegleichung
ein.

Zu den Beschaffungskosten zählen:
- Kosten aller administrativen Tätigkeiten im Zusammen-
  hang mit der Bestellauslösung
- Fertigungskosten (bzw. Einstandspreise im Falle der
  Fremdbeschaffung)
- Kosten für alle Aktivitäten im Zusammenhang mit dem
  Eingang der Ersatzteile im Lager (Annahmekosten,
  Kontrollkosten).

Nach ihren Bestimmungsgrößen unterteilt man die Beschaffungskosten in:
- von der Bestellmenge abhängige (bestellmengenvaria-
  ble) Kosten (mengenabhängige Fertigungskostenanteile,
  Kostendegression bei der Eingangsqualitätskontrolle)
- von der Bestellmenge unabhängige (bestellfixe) Kosten
  (Kosten der Angebotseinholung, Kosten der Ausferti-
  gung der Bestellformulare, Telefonkosten, Rüstkosten
  bei Eigenfertigung).

Aus den Beschaffungskosten sind die für die Festlegung
der Disposition entscheidungsrelevanten Kostenbestandteile herauszufiltern. Dabei handelt es sich um jene
Kosten, die von der Festlegung des Zeitpunktes und des
Umfanges der Lagerauffüllung beeinflußt werden. Allgemein können die numerisch bedeutsamen variablen Beschaffungskosten als bestellmengenproportional und
damit als nicht entscheidungsrelevant eingestuft
werden. Für die Dispositionsentscheidung von Interesse

sind in der Regel nur die bestellfixen Beschaffungskosten.

Bei der Betrachtung artikelbezogener bestellfixer Beschaffungskosten stellt man fest, daß kaum relevante
Einzelkosten existieren. Die vom Umfang der Bestellung
unabhängigen Kosten werden im betrieblichen Rechnungswesen durchweg als Gemeinkosten erfaßt. Zur Ermittlung
produktbezogener Beschaffungskosten ist also eine Aufschlüsselung dieser Kosten auf den einzelnen Bestell-
vorgang pro Ersatzteil vorzunehmen. Die oft geübte
Praxis, allen Artikeln einheitliche Beschaffungskosten
zuzuweisen, ist häufig nicht zu rechtfertigen. Als
Beispiel sei auf die stark von der Komplexität der
Teile geprägten Rüstkosten verwiesen.

In der Literatur findet man verschiedene Vorschläge zur
Gemeinkostenaufschlüsselung. Einige Ansätze[1] sehen
vor, den anteiligen Verbrauch an Beschaffungsgemeinkosten proportional zur Bestellhäufigkeit des Artikels
zu berechnen. Diese Verfahrensweise ist nur gerechtfertigt, wenn die Gemeinkosten in kleinsten Einheiten
variiert werden können. Bei den Telefonkosten ließe
sich etwa die reine Telefongebühr derart verrechnen.
Die Grundgebühr und anteilige Lohnkosten sind unter
Umständen als nicht entscheidungsrelevant einzustufen,
wenn man voraussetzt, daß die kostenverursachenden
Kapazitäten kurzfristig nicht veränderbar sind.

Statt der proportionalen Gemeinkostenaufteilung schla-
gen einige Autoren[2] eine Variante vor, die dem Grenz-
kostengedanken Rechnung trägt. Als Gemeinkosten werden
diejenigen Kostenzuwächse berücksichtigt, die ent-

---

1) Vgl. HADLEY/WITHIN (1963); HOCHSTÄDTER (1969); KLEMM;
   MIKUT (1972); NADDOR (1971); TRUX (1968).
2) Vgl. BUFFA/TAUBERT (1972); PRICHARD/EAGLE (1965).

stehen, wenn durch Hinzunahme einer weiteren Bestellung
die Handlingkapazität zu erweitern wäre. Damit werden
allerdings allen Ersatzteilen identische Kostensätze
zugewiesen und zudem die Veränderbarkeit der Kapazitäten in kleinsten Einheiten unterstellt.

In anderen Ansätzen[1] werden angesichts der Aufschlüs-
sellungsproblematik die Beschaffungsgemeinkosten generell als nicht entscheidungsrelevant unberücksichtigt
gelassen. Eine solche Vorgehensweise führt zu sehr
geringen relevanten Beschaffungskosten. Bei Verwendung
dieser niedrigen Kostensätze in Einprodukt-Modellen
treten häufig Ergebnisse auf, die anderen betriebswirtschaftlichen Überlegungen zuwiderlaufen. Insbesondere
führen niedrige entscheidungsrelevante Beschaffungskosten dazu, daß häufig geringe Mengen zu bestellen
sind, was für die Gesamtheit der Artikel eine uner-
wünschte Ausdehnung der Bestellkapazität bewirkt.

Zusammenfassend kann festgestellt werden:
- Zur Festlegung der Disposition bedeutsam sind lediglich die bestellfixen Beschaffungskosten.
- Die bestellfixen Kosten werden in der laufenden
  Kostenrechnung in der Regel als Gemeinkosten erfaßt.
- Die Ermittlung oberzielkonformer Zielgrößenbestand-
  teile durch Gemeinkostenaufschlüsselung erweist sich
  als problematisch und ist in der Praxis häufig nicht
  durchführbar.

In den nächsten Abschnitten werden die entscheidungsrelevanten Bestandteile der beiden anderen Hauptkostenarten der Lagerhaltung herausgearbeitet.

---

1) Vgl. HENN/KÜNZI (1968); STARR/MILLER (1962).

4.2.1.2 Lagerungskosten

Als Lagerungskosten werden diejenigen Kosten bezeichnet, die durch den Lagerungsvorgang der Güter entstehen. Dabei umfaßt die Lagerung lediglich das phy-
sische Bevorraten, schließt jedoch nicht den Einlage-
rungs- bzw. Auslagerungsvorgang ein. Einlagerungskosten
treten hier nicht auf, da sie den Beschaffungskosten
zugerechnet werden. Auslagerungskosten sind nicht entscheidungsrelevant, weil die Auslieferungsmengen und
-zeitpunkte von der Nachfrage exogen determiniert
sind.

Zu den Lagerungskosten zählen:
- Raum- und Einrichtekosten (Abschreibungen und Zinsen
  für Lagereinrichtung und Gebäude, Versicherung und
  Steuern, Betriebskosten)
- Kosten der Lagerbestände (Kapitalbindungskosten, La-
  gerverluste aus Schwund oder Güterminderung, antei-
  lige Steuern und Abgaben)
- Kosten für Behandlung der lagernden Güter (Reinigen
  und Konservieren)
- Verwaltungskosten (Personalkosten, Sachkosten für die
  Erfassung und Überwachung des Lagers, Inventur).

Bei der Zielformulierung sind von diesen Lagerungskosten nur diejenigen Kostenbestandteile zu berücksichtigen, die vom Zeitpunkt bzw. Umfang der Auffüllbestellung beeinflußt werden. Bezüglich der Erfassung im
betrieblichen Rechnungswesen können auch die Lagerungskosten in Einzel- und Gemeinkosten gegliedert werden.

Als den einzelnen Ersatzteilen zurechenbare Kosten
treten mengen- und zeitabhängige Steuern und Versiche-
rungsbeiträge sowie Kosten im Zusammenhang mit Ver-

alterung bzw. Verlust auf. Diese Einzelkosten der Kostenrechnung sind durchweg als entscheidungsrelevant einzustufen.

Bei der Festlegung der Disposition sind darüberhinaus die Kosten für das im Lager gebunden Kapital zu berücksichtigen, die ebenfalls der einzelnen Ersatzteilposition zuzurechnen sind, aber von der betrieblichen Erfolgsrechnung nicht erfaßt werden. Kapitalbindungskosten sind Opportunitätskosten des Verzichts auf Erträge, die das im Lager gebundene Kapital bei einer anderen Verwendungszuführung erbringen würde. In der Praxis bereitet sowohl die Ermittlung des gebundenen Kapitals als auch die Auswahl der zugrundezulegenden Ertragsrate erhebliche Probleme.

Bei dem im Lager gebundenen Kapital handelt es sich um den Wert der gelagerten Ersatzteile. Soweit diese von Zulieferern bezogen werden, ist eine Bewertung mit den Einstandspreisen unproblematisch. Für selbstproduzierte Ersatzteile können dagegen sowohl die Selbstkosten als auch die Herstellkosten (Fertigungskosten) als Bewertungsansatz zugrundegelegt werden. Die Herstellkosten der Kostenrechnung bilden einen Teil der Selbstkosten und umfassen das Fertigungsmaterial, die Materialgemeinkosten, den Fertigungslohn, die Lohngemeinkosten sowie Sondereinzel- und -gemeinkosten der Fertigung. Die Selbstkosten beinhalten darüberhinaus noch Verwaltungs- und Vertriebsgemeinkosten sowie Sonderkosten des Vertriebes. Neben der Entscheidung, welche Bestandteile der Selbstkosten zur Disposition heranzuziehen sind, bereitet die Ermittlung der absoluten Beträge wegen der Aufschlüsselung der Gemeinkosten erhebliche Schwierigkeiten. Die Alternative, nur die Einzelkosten der Fer-

tigung zu betrachten, würde das gebundene Kapital zu
gering ausweisen.

Zur Berechnung der Kapitalbindungskosten ist darüberhinaus ein Lagerungskostensatz festzulegen, mit dem das
im Lager gebundene Kapital bewertet wird. Der zuzuord-
nende Kostensatz muß sich an den alternativen Investi-
tionsmöglichkeiten der Unternehmung orientieren. Aufgrund unterschiedlicher Anlageprämissen kann der Lagerungskostensatz in Höhe der Eigenkapitalrendite (Inves-
tition innerhalb der Unternehmung), des Kapitalmarkt-
zinssatzes (Anlage auf dem Kapitalmarkt) oder in Höhe
des maximalen Zinssatzes, aufgenommener Kredite (Ab-
lösen von Verbindlichkeiten) festgelegt werden. Unter
den der einzelnen Ersatzteilposition zuzurechnenden
Kosten nehmen die Kapitalbindungskosten anteilmäßig den
größten Umfang an.

Bei der Ermittlung entscheidungsrelevanter Lagerungsgemeinkosten stellt man fest, daß ein Großteil der
Kosten vom Zeitpunkt bzw. Umfang der Bestellungen nicht
beeinflußt wird. So muß der Anteil der Personalkosten,
der sich auf Einlagerungs- und Auslagerungsaktivitäten
bezieht bzw. nur im Zusammenhang mit der Existenz des
Lagerortes ensteht, als nicht relevant außer acht gelassen werden. Darunter fallen etwa Kosten für den
Lagerpförtner und den Vorgesetzten des Lagerpersonals.
Diese Kosten entstehen allein aufgrund der Tatsache,
daß gelagert wird, sind jedoch völlig unabhängig von
der einzelenen Dispositionsentscheidung. Als weiteres
Beispiel sei auf die Raum- und Einrichtungskosten verwiesen. Obgleich diese Kosten für die Unternehmung
unter Umständen von großer Bedeutung sind, müssen sie
für ein kurzfristiges Dispositionsmodell auf Einpro-

duktebene als nicht entscheidungsrelevant eingestuft werden. Lagerraumkapazitäten werden im allgemeinen auf einer zeitlich früheren Stufe des Entscheidungsprozesses festgelegt. Die durch diese Entscheidungen verursachten zukünftigen Kosten sind von der Disposition nicht beeinflußbar und somit für das kurzfristige Entscheidungsproblem irrelevant.

In der Literatur wird eine verursachengerechte Zuordnung der Lagerungsgemeinkosten teilweise mittels Lagerplatzbeanspruchungskoeffizienten vorgenommen[1]. Allerdings fällt auf, daß eine große Zahl von Autoren die Lagerungsgemeinkosten bei vorhandenem Lagerraum als nicht relevant außer acht läßt[2]. Diese Vorgehensweise ist als sehr konsequent anzusehen und umgeht die Aufschlüsselungsproblematik. Allerdings ist dieser Ansatz nur zu rechtfertigen, wenn man zudem berücksichtigt, daß die entscheidungsrelevanten Lagerungsgemeinkosten gegenüber den Lagerungseinzelkosten, insbesondere Kapitalbindungskosten, nicht allzu stark ins Gewicht fallen. Ob die relevanten Lagerungskosten im Einprodukt-Modell allein durch die Kapitalbindungskosten angemessen ausgedrückt werden, hängt sowohl von der zugrundegelegten Bewertungsmethode als auch der Festlegung des Zinssatzes ab. Aus der Wahl des Kapitalkostensatzes, die häufig nicht ohne eine gewisse Willkür erfolgen kann, ergeben sich starke Auswirkungen auf die Zusammensetzung des Lagerbestandes und die Bestellhäufigkeit.

---

1) Vgl. HADLEY/WITHIN (1963); KLEMM/MIKUT (1972); NEUMANN (1977).
2) Vgl. ASSFALG (1976); HENN/KÜNZI (1968); HOCHSTÄDTER (1969); STARR/MILLER (1962).

Zusammenfassend ist festzustellen:

- Zur Festlegung der Disposition sollen lediglich die Einzelkosten als bedeutsam herangezogen werden.
- Unter den Lagerungseinzelkosten nehmen die Kapitalbindungskosten anteilmäßig den größten Umfang an.
- Die Ermittlung der Kapitalbindungskosten ist problematisch und in der Praxis nur unter großem Vorbehalt durchführbar.

Ebenso wie bei den Bestellkosten wurde deutlich, daß die Quantifizierung der Lagerungskosten ein zentrales Problem bei der Anwendung von Lagerhaltungsmodellen darstellt.

4.2.1.3 Fehlmengenkosten

In der Lagerhaltungstheorie wird das Problem der Existenz und Bestimmung relevanter Fehlmengenkostensätze oft übergangen und zumeist unterstellt, daß die Fehlmengenkosten bekannt sind[1]. Lediglich einige Autoren gehen darauf ein, wodurch sie verursacht werden[2], und nur wenige Beiträge beschäftigen sich mit ihrer praktischen Bestimmung[3].

Als Fehlmengenkosten sind jene Kosten zu bezeichnen, die entstehen, wenn auftretende Nachfrage nicht (oder zumindest nicht ohne zusätzliche Aktivitäten) termingerecht erfüllt werden kann. Die Bezeichnung Fehlmengenkosten ist insofern mißverständlich, als die ent-

---

1) Vgl. KLEMM/MIKUT (1972).
2) Vgl. HADLEY/WITHIN (1963).
3) Vgl. MICKLAS (1976); CHANG/NILAND (1967); SCHMID (1977).

stehenden Kosten nicht zwangsläufig mit der fehlenden Menge variieren müssen, sondern auch von der Dauer bzw. der alleinigen Tatsache des Auftretens von Lieferunfähigkeit abhängig sein können.

Zur Klassifikation der Fehlmengenkosten erweist sich neben der zur Verfügung stehenden Lieferzeit auch das Nachfragerverhalten von Bedeutung. Befindet sich zum Zeitpunkt des Eingangs einer Ersatzteilachfrage kein entsprechender Bestand im Lager, so ist dieser Umstand nicht gleichbedeutend damit, daß die Nachfrage nicht termingerecht zum Lieferzeitpunkt erfüllt werden kann. Folgende Fälle können unterschieden werden:[1]
- Die Erfüllung der Nachfrage ist zum vereinbarten Liefertermin ohne zusätzliche Maßnahmen möglich.
- Eine termingerechte Nachfrageerfüllung kann durch Zusatzaktivitäten sichergestellt werden (Eilzustellungen, Sonderproduktion, Beschaffung der Güter von anderen Herstellern).
- Der Bedarf kann nicht termingerecht befriedigt werden.

Bei Nichteinhaltung des vereinbarten Liefertermins ergeben sich in Abhängigkeit vom Verhalten des Bedarfsträgers unterschiedliche Konsequenzen, deren kostenmäßige Belastungen den Fehlmengenkosten zuzurechnen sind. Direkt auf die betreffende Nachfrage bezogen unterscheidet man die Fälle, daß die Erfüllung der Nachfrage zu einem späteren Zeitpunkt möglich ist (Vormerk-Fall), oder daß bei Nichteinhaltung des Liefertermins ein Verlust der Nachfrage eintritt. Indirekt auf zukünftige Nachfragen bezogen sind aufgrund von Verhaltensänderungen des Bedarfsträgers folgende Fälle zu unterscheiden:[2]

---

1) Vgl. SCHMID (1977, S.28).
2) Vgl. PFOHL (1972, S. 191); WALTERS (1974).

- Der Bedarfsträger ändert sein Nachfrageverhalten
  nicht.
- Der Bedarfsträger reduziert seine Nachfrage nach dem
  betreffenden Gut teilweise oder ganz (Goodwill-Verlust).
- Lieferunfähigkeiten bei einem oder mehreren Artikeln
  veranlaßen den Bedarfsträger, sein Nachfrageverhalten
  bzgl. anderer Güter des Unternehmens teilweise oder
  ganz einzustellen (Goodwill-Verlust, Kundenverlust).

Mit dieser Klassifikation der Entstehungsgründe können
die Fehlmengenkosten in folgende Kostenarten unterglie-
dert werden:
- Kosten für zusätzliche Aktivitäten
- Kosten aus vertraglichen Vereinbarungen (Konventio-
  nalstrafen)
- Kosten der verlorenen Nachfrage
- Kosten des Goodwill-Verlustes.

Zunächst einmal soll die Problematik der Entscheidungs-
relevanz von Fehlmengenkosten betrachtet werden. Bei
Lagerhaltungssituationen mit stochastischer Nachfrage
kann das Auftreten von Nichtlieferbereitschaftszuständen nicht vollständig verhindert werden. Die
Lieferbereitschaft wird bei gegebenem Nachfrageprozeß
jedoch maßgeblich von der Disposition der Ersatzteillagerbestände beeinflußt. Daher sind die kosten-
mäßigen Belastungen, die der Unternehmung aus der
Nichtverfügbarkeit entstehen, im Fehlmengenkostensatz
zu erfassen.

Für die direkt im Zusammenhang mit Fehlmengen auftretenden Kosten stellt sich das Relevanzproblem nicht. So
sind Konventionalstrafen und Kosten zusätzlicher unternehmerischer Aktivität als entscheidungsrelevant einzu-

stufen. Da für einen Großteil des Ersatzteilsortiments
die Monopolstellung des Herstellers unterstellt werden
muß, kann von einem Vormerk-Fall ausgegangen werden.
Damit wird Deckungsbeitragsentgang durch direkten Nach-
frageverlust nicht auftreten.

Neben diesen kurzfristigen Kostenbelastungen ergeben
sich langfristige Auswirkungen von Lieferschwierigkeiten, die im kurzfristigen Modell ebenfalls berücksichtigt werden müssen. Mangelnde Lieferbereitschaft
hat Konsequenzen für das Verhältnis Hersteller - Kunde,
die als Goodwill-Verlust bezeichnet wurden. Goodwill-
Verluste führen zu Verhaltensänderungen der Nachfrager
und sind damit als Auslöser von Erlöseinbußen zukünftiger Perioden zu interpretieren. Dabei ergeben sich
aus der Nichtlieferbereitschaft von Ersatzteilen starke
Auswirkungen auf den Absatz der übergeordneten Anlage.
Anlagen- und Ersatzteilbereich sind nicht nur derge-
stalt verbunden, daß der Anlagenabsatz die Grundlage
für den späteren Absatz der Ersatzteile schafft. Umgekehrt ist das Vorhandensein einer leistungsfähigen
Ersatzteilversorgung eine wesentliche Voraussetzung für
den Anlagenabsatz. Im Sinne einer oberzielkonformen
Zielgröße muß also diese wechselseitige Verbundwirkung
explizit in Form von Deckungsbeitragsentgang bezüglich
der Anlagen in den Fehlmengenkosten berücksichtigt
werden.

Fehlmengenkosten für Ersatzteilläger beim Hersteller
setzen sich vornehmlich aus den Bestandteilen Kosten
zusätzlicher unternehmerischer Aktivität und Kosten des
Goodwill-Verlustes zusammen. Bei der Spezifizierung der
Fehlmengenkostensätze ergeben sich nun in praktischen
Lagerhaltungssituationen erhebliche Schwierigkeiten.

So werden in der Regel die Kosten zusätzlicher unternehmerischer Aktivitäten als Plankosten nicht fixierbar
sein. Die Quantifizierung der Kosten des Goodwill-
Verlustes beinhaltet drei Problemelemente:
- die Ermittlung der Einflußgrößen des Goodwill-Verlustes
- die mengenmäßige Schätzung des zukünftigen Nachfrage-
  rückganges
- die Bewertung dieses zukünftigen Nachfrageverlustes.

Vor der Festlegung des Umfanges, in dem Lieferschwierigkeiten bezüglich einer Ersatzteilposition den zukünftigen Anlagenabsatz mindern, sind zunächst die
expliziten Bestimmungsgrößen für den Nachfragerückgang
zu ermitteln. Der Goodwill-Verlust wird sowohl von der
Häufigkeit und Dauer der Nichtlieferbereitschaft als
auch von der Anzahl der betroffenen Nachfragen beeinflußt. In praktischen Fällen überlagern sich diese
Einflußgrößen in ihrer Wirkung, so daß eine eindeutige
Auswahl der Bestimmungsgrößen für die Fehlmengenkosten,
wie sie häufig unterstellt wird,[1] nur unter großen
Vorbehalten vorgenommen werden kann.
Die Schwierigkeiten bei der Schätzung des Nachfragerückgangs begründen sich vor allem darin, daß bestimmte
Verhaltensweisen der Nachfrager unterstellt werden
müssen. Zur Lösung dieser Quantifizierungsproblematik
sind verschiedene Modelle[2] entwickelt worden, die
jedoch neben anderen einschränkenden Prämissen im
Hinblick auf den damit verbundenen Aufwand für einen
industriellen Einsatz nicht geeignet scheinen. In den
Modellen wird sämtlich unterstellt, daß sich die

---

1) Vgl. ALSCHER/SCHNEIDER (1982).
2) Vgl. EILON (1965); SCHWARTZ (1966); SCHMID (1977);
   CHANG/NILAND (1967).

Lieferschwierigkeiten beim eigentlichen Sachgut des Herstellers ergeben. Für den Bereich des Ersatzteilwesens entsteht die zusätzliche Komplikation, daß nicht nur die Verhaltensänderungen bezüglich der Ersatzteile betrachtet werden müssen, sondern auch die Rückwirkungen auf den Anlagenabsatz entscheidende Bedeutung erlangen.

Darüberhinaus bereitet die explizite Bewertung des mengenmäßigen Nachfragerückgangs mit entscheidungsrelevanten Kostensätzen Probleme. Die Kosten des Goodwill-Verlustes geben die Minderung des Unternehmenserfolges zukünftiger Perioden aufgrund der eingetretenen Lieferschwierigkeiten an und sind a priori in Form des Deckungsbeitragsentgangs nur grob abzuschätzen.

Aus diesem Grund muß gefolgert werden, daß eine sinnvolle, begründbare ersatzteilspezifische Fehlmengenkostenermittlung im Ersatzteilbereich bei mehreren tausend Artikeln nicht durchführbar ist. Die Verwendung von Fehlmengenkosten als Bestandteil der Zielgröße kann nur unter Akzeptanz von Erfassungsfehlern erfolgen.

Im nächsten Abschnitt werden die Auswirkungen solcher Erfassungsfehler auf die Bestimmung optimaler Dispositionsstrategien betrachtet.

4.2.2 Optimalität der Einprodukt-Ansätze

Bei der Diskussion der einzelnen Lagerkostenarten wurde
deutlich, daß die Ermittlung produktspezifischer
Kostensätze in praktischen Lagerhaltungssituationen mit
großen Ungenauigkeiten behaftet ist. Die Probleme begründen sich in der Tatsache, daß die benötigten
Kosteninformationen prinzipiell der laufenden Kostenrechnung entnommen werden müßten, diese jedoch primär
auf die Ermittlung anderer Informationen ausgerichtet
ist. Inwieweit Ungenauigkeiten bei der Kostenermittlung
vernachlässigbar sind, hängt weitgehend von der Sensitivität der Dispositionsstrategien auf Kostenverände-
rungen ab.

Theoretische Analysen[1] hinsichtlich der Konsequenzen
ungenauer Daten in Lagerhaltungsmodellen haben insbesondere für die Fehlmengenkosten folgende Abhängigkeiten ergeben. Zwischen dem Genauigkeitsgrad der in ein
Modell eingehenden Daten und der Abweichung der errech-
neten Lösung von der optimalen Lösung besteht eine
funktionale Beziehung, die häufig in expliziter Form
angegeben werden kann (Vgl. Abb. 4.1).

Die durchgeführte Untersuchung bezog sich auf ein Be-
stellpunktmodell mit normalverteilter Nachfrage, wobei
die Fehlmengenkosten alternativ als proportional zur
Fehlmenge oder zur Dauer der Nichtlieferbereitschaft
unterstellt wurden. In beiden Fällen ist jedoch tendenziell die gleiche Schlußfolgerung zu ziehen. Bereits
geringe Ungenauigkeiten führen zu Dispositionsstrategien, deren Kosten weit über den optimalen Werten
liegen. Beachtenswert ist allerdings, daß die Lösung in

---

1) Vgl. BRUNNBERG (1970).

bezug auf Unterschätzungen der Fehlmengenkosten weitaus
empfindlicher reagiert als auf gleich große Überschätzungen.

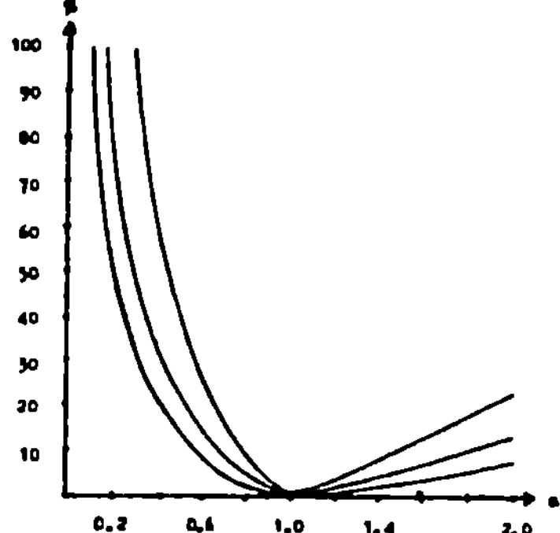 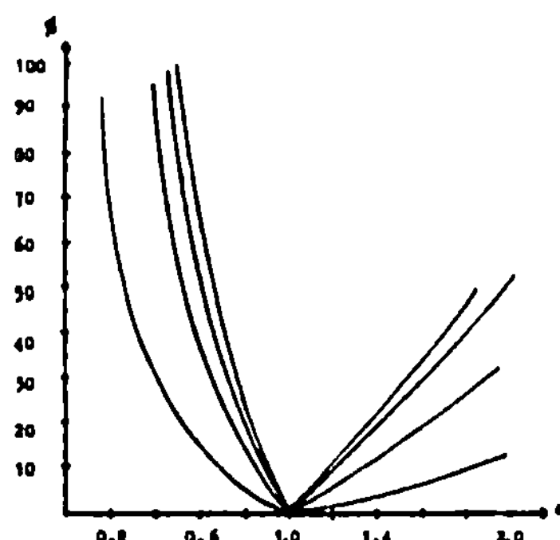

Abb. 4.1: Relative Abweichung der tatsächlichen Lagerkosten von den minimalen Kosten r_k als Funktion des Fehlmengenkostensatzes (Multiplikation mit einem Abweichungsparameter a);
links: mengenproportionale Fehlmengenkosten,
rechts: zeitproportionale Fehlmengenkosten.
(entnommen aus BRUNNBERG (1970, S. 191,
194)).

Vergegenwärtigt man sich, daß aufgrund der nicht nach-
prüfbaren Kausalzusammenhänge der Fehlmengenkosten-
entstehung (Goodwill-Verlust) eine Quantifizierung mit
einer sehr großen Ungenauigkeitsspanne erfolgt, muß für
Einprodukt-Ansätze der Anspruch auf Bestimmung der im
Sinne des produktbezogenen Kostenminimierungsziels optimalen Lösung aufgegeben werden. Diese Erkenntnisse
sind jedoch theoretischer Natur und für die Praxis von
beschränktem Interesse, da die "richtigen" Kostenwerte
ja nicht bekannt sind.

Darüberhinaus ist zu fragen, inwieweit die "optimale"
Dispositionsstrategie der Einprodukt-Ansätze zur Realisation der gesamtlagerbezogenen Ziele beiträgt. Im
Sinne einer Koordination der produktspezifischen Dispositionsentscheidungen bei vorliegenden übergreifenden
Lagerrestriktionen ist in den einzelnen Kostensätzen
auch der "Nutzenentgang" zu berücksichtigen, den die
Inanspruchnahme der knappen Kapazitäten durch ein
anderes Ersatzteil erbringen würde. Dieser Nutzenentgang wird üblicherweise mit dem Begriff Opportunitätskosten bezeichnet. Opportunitätskosten sind keine
Kosten im Sinne der laufenden Kostenrechnung. Die notwendigen produktspezifischen Grenzkostensätze, die auch
die Opportunitätskostensätze beinhalten, sind aber
numerisch erst a posteriori nach Bestimmung der optimalen Lagerhaltungspolitiken für alle Produkte zu ermitteln. Die Unternehmung verfügt somit über die erforderlichen Grenzkostensätze immer erst dann, wenn sie
diese zur Diposition nicht mehr benötigt.[1]

Folgerichtig können die Lösungen der Einprodukt-Modelle
lediglich als erste Approximationen einer "optimalen"
Gesamtdisposition angesehen werden. In der praktischen
Anwendung sind sie dann im Sinne gesamtlagerbezogener
Kriterien aufeinander abzustimmen. Diese können subjek-
tiver Natur sein und das ganze Sortiment betreffen
(Zufriedenheit der Kunden, Häufigkeit und Nachdruck von
Beschwerden) oder intersubjektiv nachprüfbare Anspruch-
niveaus bezüglich einzelner Lagerpositionen darstellen.

In der Praxis wird eine Gesamtsteuerung des Lagers als
Ganzes oft dadurch erreicht, daß Vorgaben für gewisse
Lagerhaltungskoeffizienten gebildet und diese in Form
von Restriktionen in die Modelle integriert werden
(z.B. Wert des Lagerbestandes, Umschlaghäufigkeit).

---

1) Vgl. ADAM (1970, S. 178).

Vielfach wird vorgeschlagen, die Kapazitätsinanspruch-
nahme der einzelnen Artikel in Form von Beanspruchungskoeffizienten zu erfassen.[1] Im Normalfall bereitet es
jedoch Probleme, korrekte Beanspruchungskoeffizienten
zu ermitteln. Zudem ist eine dann notwendige Aufspaltung der Gesamtkapazität in optimale artikelbezogene
Einzelkapazitäten a priori ebenfalls nicht möglich.

In Anbetracht der Quantifizierungsproblematik wird
deshalb in der Literatur[2] auch vorgeschlagen, die Bestimmung der Lagerungskosten als einen Rückkopplungs-
prozeß aufzufassen. Zunächst wird ein Wert für den
produktspezifischen Kostensatz plausibel festgelegt.
Danach werden die Auswirkungen der mit diesen Werten
berechneten "optimalen" Dispositionsstrategie anhand
zusätzlicher Kriterien beurteilt. Eine zufriedenstel-
lende Disposition wird dann durch Parameteranpassung
erzielt.

Es drängt sich allerdings die Frage auf, ob damit ein
effizienter Weg der Entscheidungsfindung beschritten
wird. Auf der einen Seite wird ein Optimierungskalkül
zur Bestimmung "optimaler" Dispositionsentscheidungen
herangezogen, auf der anderen Seite werden die ermittelten "optimalen" Strategien nach weiteren Kriterien
beurteilt und im Sinne einer zufriedenstellenden Ge-
samtstrategie eventuell abgeändert.

Sinnvoller erscheint es da, die zufriedenstellenden
Strategien direkt aus den übergreifenden Bewertungskriterien abzuleiten. Dazu ist zunächst zu analysieren,
welche Kriterien zu berücksichtigen sind und wie sie
sich in operationale Zielformulierungen umsetzen
lassen.

---

1) Vgl. HADLEY/WITHIN (1963); KLEMM/MIKUT (1972);
   NEUMANN (1977).
2) Vgl. KLINGST (1971, S. 27); SCHNEEWEIß (1979).

4.3 Operationale Unterziele der Ersatzteillagerhaltung

Die Darstellung der Ersatzteillagerdispositionsproblematik als Kostenminimierungsansatz ist vom theoretischen Gesichtspunkt zufriedenstellend, scheitert jedoch in der Praxis häufig an der Ermittlung der benötigten Kostensätze. Daher sollen aus dem Kostenminimierungsansatz, im Sinne einer Zweck-Mittel-Beziehung, operationale Unterziele der Ersatzteillagerhaltung abgeleitet werden.

4.3.1 Formulierung von Entscheidungskriterien

Die Bildung einer Zielhierarchie in Form von Ober- und Unterzielen zur Lösung betrieblicher Entscheidungssituationen begründet sich in Zweck-Mittel-Beziehungen. Die Erreichung eines untergeordneten Ziels ist Mittel zum Zeck der Erfüllung des übergeordneten Ziels. Daher setzt die Formulierung von Unterzielen eine zumindest teilweise komplemäntere Beziehung zwischen Ober- und Unterziel voraus.

Rationale Dispositionsentscheidungen im Hinblick auf ein Ziel können nur getroffen werden, wenn die Erfüllung des Ziels als Folge der Entscheidung gemessen werden kann. Andernfalls ist das Ziel nicht operational. Zur Beurteilung der Dispositionsentscheidungen sind für die Unterziele daher konkrete Meßgrößen zu formulieren, mit denen der Erfüllungsgrad festgestellt wird. Zum Teil ergeben sich diese Meßgrößen direkt aus den Unterzielen, häufig ist jedoch eine weitergehende Präzisierung erforderlich. Diese Meßgrößen in Verbindung mit der Zielvorschrift werden als Entscheidungskriterien bezeichnet.[1]

---

1) Vgl. WÄSCHER (1982, S. 40).

Bei der Diskussion der Lagerkosten wurde deutlich, daß nur bestimmte Kostenbestandteile als entscheidungsrelevant einzustufen sind. Daher wird bei der Ableitung komplementärer Unterziele von den Bestimmungsgrößen dieser Kosten ausgegangen.

Von den Beschaffungskosten haben sich für die Festlegung der Disposition lediglich die bestellfixen Kostenanteile als bedeutsam erwiesen. Diese Kosten fallen bei jedem Beschaffungsvorgang unabhängig von der Bestellmenge an. Die Minimierung der bestellfixen Beschaffungskosten zielt also darauf ab, die Bestellhäufigkeit zu senken. Daher stellt die Reduzierung der Bestellaktivitäten pro Ersatzteil eine komplementäre Unterzielformulierung dar. Diese Zielformulierung muß auch unter weitergehenden Überlegungen als adäquat betrachtet werden. Eine geringe Bestellhäufigkeit wird ebenfalls angestrebt, um die mit jedem Wiederauffüllvorgang verbundenen Unsicherheiten einzuschränken. Als Meßgröße für dieses Unterziel wird die mittlere Anzahl von Bestellvorgängen während einer Periode herangezogen.

Einen weiteren Bestandteil der Lagerkosten bilden die Lagerungskosten. Aufgrund ihrer quantitativ hervorgehobenen Stellung wurden als entscheidungsrelevant lediglich die Lagerungseinzelkosten und dabei insbesondere die Kapitalbindungskosten herangezogen. Die Minimierung dieses Bestandteils der Lagerungskosten zielt darauf ab, das im Lager gebundene Kapital zu senken. Von den dispositiven Lagerhaltungsentscheidungen werden diese Kosten über die Variation der Lagermenge beeinflußt. Daher stellt die Senkung des mittleren Lagerbestandes pro Ersatzteil eine komplementäre Unterzielformulierung dar. Als Meßgröße wird der Erwartungswert des Lagerbestandes verwendet.

Besondere Bedeutung bei der Disposition des Ersatzteillagers beim Hersteller kommt der Festlegung der Fehlmengenkosten zu. Fehlmengenkosten bewerten die Auswirkungen von Nichtlieferbereitschaftszuständen. Die Minimierung dieses Kostenanteils zielt darauf ab, eine hohe Lieferbereitschaft für die gelagerten Ersatzteile zu sichern. Als geeignetes Unterziel der Ersatzteillagerhaltung ist also das Streben nach einer hohen Verfügbarkeit der Ersatzteile anzusehen.

Für die Beschaffungs- und Lagerungskosten konnten jeweils die Bestimmungsgrößen der entscheidungsrelevanten Kostenbestandteile ermittelt und daraus Meßgrößen für die Unterziele abgeleitet werden. Die Gründe für eine Nichtverwendbarkeit dieser Kosten in praktischen Lagerhaltungssituationen liegen in der Quantifizierungsproblematik aus den Informationen des betrieblichen Rechnungswesens. Bei den Fehlmengenkosten bereitet nicht nur die Festlegung der Kostensätze Probleme, auch die zugrundeliegenden Bestimmungsgrößen für diese Kosten sind nicht eindeutig zu ermitteln. Die langfristigen Erfolgswirkungen der Ersatzteilversorgung werden sowohl von der Häufigkeit und Dauer der Nichtlieferbereitschaft als auch der Anzahl der betroffenen Nachfrage beeinflußt. Daher kann die Meßgröße für das Verfügbarkeitsziel an diesen unterschiedlichen Einflußfaktoren ansetzen.

4.3.1.1 Verfügbarkeit und Lieferbereitschaftsgrad

Im folgenden werden für das von der Unternehmung angestrebte Unterziel einer hohen Verfügbarkeit der Ersatzteile operationale Entscheidungskriterien entwickelt,
mit denen die Güte des Lagerprozesses in Hinblick auf
eine termingerechte Erfüllung der auftretenden Nachfrage gemessen werden kann. Sämtliche in der Literatur[1] vorgestellten Meßkonzepte basieren auf dem
Begriff Lieferbereitschaft.

Unter Lieferbereitschaft versteht man die Fähigkeit
eines Lagers zur termingerechten Befriedigung der auftretenden Nachfragen.

Dieser allgemeine Lieferbereitschaftsbegriff enthält
noch keine näheren Spezifikationen darüber, unter
welchen Voraussetzngen ein Bedarf als "termingerecht
befriedigt" betrachtet werden soll. Die zeitliche Di-
mension des Begriffes wird weitgehend von der Erwartungshaltung des Nachfragers beeinflußt. Termingerechte
Erfüllung der Nachfrage ist nicht notwendigerweise
gleichzusetzen mit der sofortigen Verfügbarkeit der
nachgefragten Güter. Ein Lager kann durchaus als lie-
ferbereit eingestuft werden, wenn es imstande ist, die
Auslieferung des nachgefragten Artikels innerhalb einer
verlangten oder innerhalb der allgemein üblichen Zeitspanne sicherzustellen. Da hier jedoch im besonderen
auf die Zuverlässigkeit des Lagers und nicht auf die
Leistungsfähigkeit der Auftragsabwicklung oder die
Schnelligkeit der Distribution abgestellt werden soll,
ist für den Bereich der Ersatzteilversorgung die
Gleichsetzung von "termingerecht" mit "sofort" wegen
der hervorgehobenen Dringlichkeit der Nachfrage gerechtfertigt.

---

1) Vgl. RONEN (1983).

Für ein Ersatzteillager ist demnach Lieferbereitschaft gegeben, wenn die auftretende Nachfrage sofort aus den Lagerbeständen befriedigt werden kann.

Die unterschiedlichen Vorstellungen darüber, wie die Zuverlässigkeit eines Lagers zu messen sei, spiegeln sich in den vielfältigen Definitionen von Lieferbereitschaftsgraden wider. Sie stellen Meßvorschriften zur Beurteilung der Verfügbarkeit im Zeitablauf dar, bei denen zeit- oder fehlmengenbezogene Bewertungen bezüglich Nichtlieferbereitschaftszuständen zum Ausdruck kommen.

Allgemein ergibt sich die Meßgröße Lieferbereitschaftsgrad (Servicegrad) als Verhältnis der Anzahl von Ereignissen, bei denen Lieferbereitschaft vorliegt, zur Gesamtzahl der betrachteten Ereignisse. Damit wird jedem Lagerprozeß eine relative Verfügbarkeitskennzahl aus dem Bereich der rationalen Zahlen zwischen 0 und 1 zugeordnet. Häufig wird diese Kennzahl durch eine lineare Transformation (Multiplikation mit 100) in eine äquivalente Prozentzahl umgewandelt. Die Unterschiede zwischen den einzelnen Lieferbereitschaftsarten begründen sich dann lediglich in der Bedeutungszuweisung des Begriffs Ereignis. Im folgenden wird eine Klassifikation unterschiedlicher Servicegraddefinitionen gegeben.

4.3.1.2 Lieferbereitschaftsgraddefinitionen

Ein erster Ansatz zur Messung von Verfügbarkeit bezieht sich auf die relative Häufigkeit von Nichtlieferbereitschaftszuständen. Dabei wird keine Gewichtung hinsichtlich der Dauer der Lieferunfähigkeit oder der Anzahl nicht sofort verfügbarer Ersatzteile vorgenom-

men. Der α-Lieferbereitschaftsgrad ermittelt die Wahrscheinlichkeit, daß der Bedarf in der Wiederbeschaffungszeit voll gedeckt wird. Die Verfügbarkeitskennzahl
berechnet sich als empirischer Schätzwert für diese
Wahrscheinlichkeit:

$$\alpha = \frac{\text{Anzahl der Wiederbeschaffungszeiträume,}}{\text{in denen keine Fehlmengen auftreten}}{\text{Gesamtzahl der Wiederbeschaffungszeiträume.}}$$

Es stellt sich nun die Frage, ob die Wahl des produktspezifischen Wiederbeschaffungszeitraums als Grundlage
des Servicegrades sinnvoll ist. Bei einem so definier-
ten Lieferbereitschaftsgrad wird die absolute Häufigkeit des Auftretens von Lieferunfähigkeit pro kalenda-
rischer Zeiteinheit (Monat, Jahr) für ein Ersatzteil
von dessen Umschlaghäufigkeit beeinflußt. Mit steigender Umschlaghäufigkeit wächst die Wahrscheinlichkeit,
daß sich das Ersatzteillager zu einem beliebigen Zeitpunkt gerade in einer Wiederbeschaffungsphase befindet.
Damit erhöht sich bei konstanter α -Lieferbereitschaft
in Abhängigkeit von der Umschlaghäufigkeit auch die
Wahrscheinlichkeit, daß zu einem beliebigen Zeitpunkt
keine Lieferbereitschaft vorliegt. Die Werte des Lieferbereitschaftsgrades erhalten daher für Ersatzteile
mit unterschiedlichen Wiederbeschaffungszeiträumen unterschiedliche Aussagekraft.

Ein weiterer Schwachpunkt des α-Lieferbereitschafts-
grades ist darin zu sehen, daß dieses Entscheidungs-
kriterium lediglich auf die relative Häufigkeit von
Nichtlieferbereitschaftszuständen abstellt. Weder die
Größe der auftretenden Fehlmengen noch die Dauer der
Nichtlieferbereitschaft werden in der Meßgröße erfaßt.

Die im weiteren vorzustellenden Lieferbereitschaftsarten unterscheiden sich von der ersten dadurch, daß
sie jeweils eine Bewertung der Nichtlieferbereit-
schaftszustände vornehmen.

Der β-Lieferbereitschaftsgrad gewichtet die Nichtlie-
ferbereitschaftszustände mit der Anzahl der auftretenden Fehlmengen. Er berechnet sich als Erwartungswert
des relativen Anteils sofort befriedigten Bedarfs:

$$\beta = \frac{\text{Bedarf, der sofort befriedigt wurde}}{\text{Gesamtbedarf}} \quad .$$

Dieser Lieferbereitschaftsgrad mißt also den Prozentsatz der Nachfrage, der direkt aus dem verfügbaren
Lagerbestand erfüllt wird. Die Erfassung der Nachfrage
kann sowohl mengen- als auch wertmäßig erfolgen. Als
relative Meßgrößen nimmt der Servicegrad für beide
Erfassungsansätze numerisch denselben Wert an.

Bei der Verwendung der β-Lieferbereitschaft wird implizit unterstellt, daß der Lieferfähigkeit bezüglich
jeder nachgefragten Einheit eines Ersatzteils die
gleiche Bedeutung beizumessen ist. Es wird weder in
bezug auf den Nachfrager noch hinsichtlich der Dringlichkeit des Bedarfs differenziert. In der Praxis ist
jedoch zu unterscheiden zwischen der Nichtlieferbereitschaft bei der letzten Einheit einer Großbestellung
(Lagerauffüllung) und der Nichtbefriedigung eines Ein-
zelbedarfs aufgrund eines aktuellen Funktionsausfalls.
Aus dem β-Servicegrad läßt sich zwar die absolute Höhe
der Fehlmengen herleiten, jedoch nicht die Anzahl der
betroffenen Aufträge oder Kunden. Aufgrund eines hohen
Servicegrades kann lediglich indirekt geschlossen
werden, daß sehr viele Aufträge sofort ausgeliefert
werden.

Bei der γ-Lieferbereitschaft wird deshalb nicht die mengen- oder wertmäßige Nachfrage zur Messung der Lieferbereitschaft herangezogen, sondern der Erwartungswert der relativen Anzahl vom Lager unverzüglich erfüllter Aufträge gebildet:

$$\gamma = \frac{\text{Anzahl der vom Lager sofort erfüllten Aufträge}}{\text{Gesamtzahl der Aufträge}}$$

Diese Lieferbereitschaftsart wird zur Anwendung kommen, wenn der Schwerpunkt darin liegt, den Bedarfsträger zufriedenzustellen, indem die gesamte Nachfrage sofort ausgeführt wird. Da hier nicht nach Kunden und Auftragsumfang differenziert wird, setzt diese Vorgehensweise eine gewisse Ausgeglichenheit der Nachfragestruktur voraus. Gerade im Fall stark sporadischer Nachfrage in Ersatzteillägern kann eine solche gleichmäßige Struktur der Bedarfshöhe und der Dringlichkeit der Einzelaufträge jedoch im allgemeinen nicht unterstellt werden.

Eine weitere Lieferbereitschaftsart orientiert sich direkt an der Erwartungshaltung des Kunden, jederzeit vom Lager beliefert werden zu können. Für den einzelnen Nachfrager ist es unerheblich, ob das Ersatzteillager sich momentan in der Wiederbeschaffungsphase befindet oder wieviel Prozent des Gesamtumsatzes sofort befriedigt werden kann. Ihn interessiert, ob das Lager zu einem beliebigen Zeitpunkt lieferfähig ist oder nicht. Die δ-Lieferbereitschaft wird diesem Gesichtspunkt gerecht und berechnet den Erwartungswert des relativen Anteils von Perioden in denen Lieferfähigkeit vorliegt:

$$\delta = \frac{\text{Anzahl von Perioden mit Lieferbereitschaft}}{\text{Gesamtzahl von Perioden}}$$

Mit dieser formalen Definition zeigt die δ-Lieferbe-
reitschaft große Ähnlichkeit mit dem α-Servicegrad. Das
wesentliche Unterscheidungsmerkmal liegt in der Länge
der betrachteten Perioden. Im Gegensatz zu der oben
erwähnten Servicegraddefinition werden beim δ-Lieferbe-
reitschaftsgrad kalendarische Bezugsperioden zugrundegelegt, die wesentlich kürzer als die Wiederbeschaffungszeit sind. Da ein Nichtlieferbereitschaftszustand
die Lieferbereitschaft mehrerer solcher Perioden beein-
flußen kann, wird eine Abschätzung der mittleren Dauer
von Nichtlieferbereitschaftszuständen erzielt. Die
Periode kann prinzipiell beliebig gewählt werden, jedoch steigt die Genauigkeit der Aussage mit sinkenden
Periodenlängen. Diese Art von Lieferbereitschafts-
definition wird insbesondere dann sinnvoll sein, wenn
über die Zeit auf den Umfang der Fehlmengen geschlossen
werden kann.

4.3.1.3 Ermittlung der Lieferbereitschaftsgrade

Im Rahmen einer EDV-unterstützten Lagersteuerung und
Lagerbestandsführung bereitet die laufende Ermittlung
der verschiedenen aktuellen Servicegrade keine Probleme. Die Berechnungsformeln können in die Computer-
programme integriert und automatisch ausgeführt werden,
so daß laufend die aktuellen Kennzahlen vorliegen. Bei
der kontinuierlichen Fortschreibung der Lieferbereit-
schaftsgrade ist allerdings die zeitliche Struktur und
damit Relevanz der zugrundegelegten Datenmenge zu beachten. Die speziellen Servicegraddefinitionen bilden
stets das Verhältnis bezüglich einer Gesamtzahl von
Ereignissen, ohne diesen Begriff zeitlich einzugrenzen.
Offensichtlich kann es nicht sinnvoll sein, die Lager-

daten weit zurückliegender Perioden bei jeder Fortschreibung des Servicegrades mit den aktuellen Daten in den Kalkül einzubeziehen. Die Masse der überalterten Lagerwerte bewirkt letztlich eine Trägheit der Indikatoren hinsichtlich der aktuellen Entwicklung des Lieferbereitschaftsniveaus.

Auf der anderen Seite ist es gerade die ausgleichende Wirkung solcher Mittelwertansätze, die zur Messung von Lieferbereitschaft in Form gewichteter Mittelwerte geführt hat. Um dieser Problematik zu begegnen, wird die Verwendung des Konzeptes gleitender Mittelwerte herangezogen. Bei der Berechnung des aktuellen Servicegradniveaus werden lediglich die Lagerwerte berücksichtigt, die in einem festen Zeitraum vor diesem Zeitpunkt liegen. Die Gesamtzahl von Ereignissen bezieht sich dementsprechend auf die Summe der Ereignisse innerhalb des zugrundegelegten Betrachtungszeitraumes.

Beachtung bedarf allerdings die Festsetzung der Länge dieses Betrachtungszeitraumes. Ist der Zeitraum sehr kurz, insbesondere zu Beginn einer systematischen Analyse, kann der artikelbezogene Servicegrad sehr stark von der Verfügbarkeit am Ende der Periode beeinflußt werden. Wird dagegen der Betrachtungszeitraum zu lang angesetzt, kann der aktuelle Servicegrad Veränderungen im Nachfrageverhalten nicht schnell genug widerspiegeln, da er zu träge reagiert. Eine geeignete Länge des Bezugszeitraumes wird beeinflußt von der zeitlichen Ausdehnung der Wiederbeschaffungszeit und ist somit produktbezogen zu bestimmen. Der bei der Berechnung zugrundegelegte Betrachtungszeitraum muß aber zumindest einige Wiederbeschaffungszeiträume beinhalten.

Bei der Verwendung von gleitenden Mittelwerten nimmt der Datenverwaltungsaufwand bei zunehmendem Bezugszeitraum und eventuell mehreren tausend parallel zu be-

trachtenden Ersatzteilen einen nicht zu unterschätzen-
den Umfang an. In solchen Fällen kann es angebracht
sein, die Fortschreibung der Servicegrade mittels der
Methode der exponentiellen Glättung vorzunehmen.

4.3.1.4 Auswahl der Lieferbereitschaftsgrade

Bei der Diskussion von unterschiedlichen Servicegraddefinitionen wird häufig der Eindruck erweckt, als
könne unabhängig von der ökonomischen Problemstellung
eine beliebige Definition zur Messung der Verfügbarkeit
herangezogen werden. Die einzelnen Lieferbereitschaftsarten unterscheiden sich in ihrer formalen Definition
und sind entsprechend unterschiedlich zu interpretieren. Ein δ-Servicegrad von 80% bedeutet, daß in 80%
aller Perioden der Bedarf voll gedeckt wurde, während
derselbe Wert des β-Servicegrades angibt, daß 80% der
Gesamtnachfragemenge sofort befriedigt wurde. Es ist
leicht einsichtig, daß ein und demselben Lagerprozeß
von unterschiedlichen Lieferbereitschaftsarten verschiedene Servicegrade zugeordnet werden können,
(vgl. Tab. 4.1). Ohne die Kenntnis der Servicegraddefinition ist eine Verfügbarkeitskennzahl somit bedeu-
tungslos.

Lagerprozeß

Periode:	1	2	3	4	5	6	7	8	9	10
Bedarf:	18	0	17	9	12	0	19	0	13	12
Fehlmengen:	0	0	1	0	2	0	0	0	3	0

Gesamtbedarf: 100 β-Servicegrad = 94 %
Fehlmenge: 6 δ-Servicegrad = 70 %
Perioden mit
Lieferbereitschaft: 7

Tab. 4.1: β- und δ-Servicegrad für einen Lagerprozeß
          mit 10 Perioden.

Darüber hinaus bestehen zwischen den einzelnen Servicegraden keine funktionalen Beziehungen 'oder feste
Größenverhältnisse. Vergleiche mit unterschiedlichen
Lagerprozessen, die bezüglich einer Lieferbereitschaft
identische Servicegradwerte annehmen, zeigen leicht,
daß diesen Lagerprozessen von einer anderen Lieferbereitschaftsart ganz unterschiedliche Werte zugeordnet
werden können.[1]

In einer konkreten Lagerhaltungssituation kann die
Auswahl der anzuwendenden Lieferbereitschaftsart daher
keineswegs allein anhand von erfassungstechnischen
Gesichtspunkten erfolgen. Soll ein bestimmter Lieferbereitschaftsgrad ein sinnvolles Hilfskriterium für
Fehlmengenkosten im Lagerhaltungsmodell darstellen, so
muß er so gewählt werden, daß die gleichen Einflußfaktoren repräsentiert werden, die auch die entscheidungsrelevanten Fehlmengenkosten beeinflussen.

Bei der Festlegung dieses entscheidungsrelevanten Lie-
ferbereitschaftsmaßes für Ersatzteilläger beim Hersteller sind insbesondere die Wirkungen des Goodwill-Verlustes zu berücksichtigen, die für die Unternehmung
über einen Rückgang der Anlagennachfrage große Bedeutung erlangen. Gerade in den ausgelösten Änderungen des
Nachfrageverhaltens begründet sich das Streben nach
hoher Verfügbarkeit der Ersatzteile und die Aufrechter-
haltung hoher Sicherheitsbestände über eine längere
Zeit nach Ende des Anlagenabsatzes.

Der Goodwill-Verlust wird in der Regel nicht nur von
der Häufigkeit von Nichtlieferbereitschaft beeinflußt,
sondern auch mit deren Dauer, sowie dem Umfang der
Fehlmenge oder der Anzahl der betroffenen Aufträge

---

1) Vgl. KLEMM (1974, S. 254 ff.).

variieren. Aus diesem Grund scheinen die Lieferbereitschaftsarten, die auf einer Bewertung der Nichtliefer-
bereitschaftszustände basieren, besonders geeignet zu
sein, die Wirkung des Good-Will-Verlustes zu repräsentieren.

Bei der Verwendung von Servicegraden in Dispositions-
modellen ist ferner zu berücksichtigen, daß zwischen
den betrachteten Servicegraden und den Dispositionsparametern funktionale Beziehungen existieren müssen. Da
die zukünftigen Nachfragen nicht bekannt sind und zudem
sporadisch anfallen, baut die Dispositionsentscheidung
auf Wahrscheinlichkeitsaussagen des zukünftigen Bedarfs
auf. Die Nachfrage wird als Zufallsvariable interpretiert und deren zugehörige Wahrscheinlichkeitsverteilung aus Vergangenheitswerten geschätzt. Die Prognoseansätze kummulieren die Bedarfe innerhalb einer vorgegebenen Periode und liefern eine Wahrscheinlichkeitsverteilung für den Bedarf in der Wiederbeschaffungszeit. Damit geht die Information über die Zahl der
Nachfragen und den Zeitpunkt des Auftretes verloren.
Als unmittelbare Folgerung dieses Informationsver-
lustes ergibt sich, daß die Lieferbereitschaftsarten
"γ" und "δ" als Planungsgrößen nicht mehr verwendbar
sind. Somit kommen nur noch α- und β-Lieferbereitschaft
als Bewertungsansätze in Betracht.

Verwendet man nun die α-Lieferbereitschaft, so entspricht dies dem Ansatz von Fehlmengenkosten, die
allein vom Auftreten der Nichtlieferbereitschaftszu-
stände in Wiederbeschaffungsphasen beeinflußt werden.
Sicherlich ist in Spezialfällen der Ersatzteillagerhaltung der Ansatz solcher Kosten gerechtfertigt. Allgemein kann man eine Unabhängigkeit von den anderen Einflußfaktoren jedoch nicht unterstellen. Diese entscheidungsrelevanten Fehlmengenkosten variieren sicherlich

stark mit der Anzahl der betroffenen Fehlmengen. Für
den hier betrachteten Fall der Ersatzteillagerhaltung
erweist sich die α-Lieferbereitschaftsart noch aus
einem weiteren Grund als unzureichend. Die produktspezifischen Wiederbeschaffungszeiträume waren sehr lang.
Zur Ermittlung der Werte sind daher Daten aus weit
zurückliegenden Zeiträumen heranzuziehen. Damit wird
der errechnete Servicegrad unter Umständen keine adäquate Darstellung der aktuellen Verfügbarkeitssituation
geben. Aus diesem Grund ist die Verwendung der α-
Lieferbereitschaft zur Bewertung der Verfügbarkeit
nicht geeignet.

Der β-Servicegrad dagegen korrespondiert mit der Verwendung von Fehlmengenkosten als Funktion der Höhe der
Fehlbestände. Damit ist zumindest ein wesentlicher
Einflußfaktor des Goodwill-Verlustes erfaßt. Die anderen Faktoren lassen sich zwar nicht explizit integrieren, allerdings kann eine positive Korrelation
zwischen der Höhe der Fehlmengen und den anderen Größen
unterstellt werden. Mit diesen Überlegungen rechtfertigt sich die im weiteren vorgenommene Beschränkung
der Betrachtung auf einen β-Lieferbereitschaftsgrad.

4.3.2 Dispositionsproblem mit mehrfacher Zielsetzung

In den vorangegangenen Abschnitten wurden aus dem Kostenminimierungsansatz der Ersatzteillagerhaltung drei
Entscheidungskriterien als operationale Unterziele abgeleitet, die zumindest partiell in einer Konkurrenzbeziehung zueinander stehen. Diese stellen komplementäre Hilfskriterien dar, da sie die wesentlichen Einflußgrößen repräsentieren, die auch durch den Ansatz
einer bestimmten Art von Lagerkosten als entscheidungs-

relevant angesehen werden. Die drei Unterziele können jedoch nicht unmittelbar zu einer Bewertungszahl aggregiert werden, da die Meßgrößen unterschiedliche Dimensionen aufweisen.

Den einzelnen Dispositionsalternativen sind die Ausprägungen der drei Entscheidungskriterien als mehrdimensionale Bewertung zuzuordnen. Damit ist ein Entscheidungsproblem mit mehrfacher Zielsetzung gegeben. Der auf einer eindimensionalen Bewertung aufbauende Optimalitätsbegriff kann zur Auswahl einer "besten" Festlegung der Dispositionsparameter nicht mehr herangezogen werden. Vielmehr gilt es eine Dispositionsalternative auszuwählen, die einen zufriedenstellenden Kompromiß bezüglich der drei konkurrierenden Ziele unter Berücksichtigung übergreifender gesamtlagerbezogener Beurteilungsaspekte darstellt. Dabei nimmt das hier auch ausführlich behandelte Unterziel bezüglich der Verfügbarkeit in der Ersatzteillagerhaltung eine dominierende Stellung ein.

Mit der Bestimmung zufriedenstellender Dispositionsstrategien für ein Ersatzteillager mit mehrfacher Zielsetzung beschäftigt sich das nächste Kapitel.

5 Dispositionsmodell für zentrale Ersatzteilläger

In diesem Kapitel wird ein Dispositionsmodell vorgestellt, das aufbauend auf den entwickelten Unterzielen
der Ersatzteillagerhaltung die Berechnung operationaler
Dispositionaparameter ermöglicht. Zur Beschreibung
dieses Ansatzes wird auf Begriffe und Darstellungs-
weisen der Systemtheorie zurückgegriffen.

5.1 Der systemtheoretische Ansatz bei der Modell-
bildung

Der systemtheoretische Ansatz in der Betriebswirt-
schaftslehre ist dadurch gekennzeichnet, daß er die
Unternehmung oder einzelne Teilbereiche zu Systemen
zusammenfaßt. Unter einem System versteht man allgemein
eine Menge von Elementen sowie die Gesamtheit von Relationen, die zwischen diesen Elementen bestehen. Jedes
System ist immer in eine Hierarchie von Subsystemen
innerhalb eines Gesamtsystems eingebettet. Ein einzel-
nes System läßt sich nur relativ isolieren. Die Verwendung des Begriffs "relativ isoliert" soll ausdrücken,
daß das betrachtete System vom Untersuchungszweck her
gesehen durchaus sinnvoll abzugrenzen ist, aber gleichzeitig mit anderen Systemen in Beziehung steht.

Systeme werden als dynamisch bezeichnet, wenn ihre
Elemente in zeitlicher Verknüpfung durch andere Elemente oder Systeme beeinflußt werden und umgekehrt ihrerseits auf andere Systeme oder Elemente in zeitlicher
Folge einwirken.[1] Selbstregulierende Systeme zeichnen
sich dadurch aus, daß sie nach Störungen, die

---

1) Vgl. ADAM/HELTEN/SCHOLL (1970, S. 68).

einen gegebenen Systemzustand verändern, unter bestimmten Bedingungen wieder in diesen Zustand zurückkehren.[1] Realisiert wird diese Tendenz mit Hilfe von Steuerungs- und Regelungsmechanismen.

Mit dem Begriff Regelung bezeichnet man die Beeinflussung des Systemzustandes, ohne die Störungen explizit zu erfassen. Die Regelaktivität wird erst durch eine Abweichung des Systemzustandes von einem vorgegebenen Sollwert ausgelöst. Damit besteht innerhalb des Systems eine Zirkularität in dem Sinne, daß Änderungen des Systemzustandes Korrekturmaßnahmen hervorrufen, die wiederum den Systemzustand beeinflussen. Das Vorhandensein von solchen Rückkopplungen stellt die charakterisierende Eigenschaft von Regelmechanismen dar. Die Steuerung charakterisiert eine Art der Störungskompensation, die ohne Rückkopplung auskommt. Die Gegenmaßnahme wird von der Störung selbst ausgelöst.

Der große Vorteil des systemtheoretischen Ansatzes bei der Modellbildung besteht darin, mit einer geringen Zahl unterschiedlicher Elemente und Relationen die in der Realität vorhandenen Probleme beschreiben und analysieren zu können. Dabei können Regel- und Steuerungskreise miteinander kombiniert und in hierarchische Abhängigkeit zueinander gesetzt werden. Man erfaßt damit die logische Struktur der betrachteten Systeme, deren Verknüpfungen mit anderen Systemen und die Richtung von Informationsflüssen.[2]

Zur graphischen Darstellung von Systemen werden sogenannte Blockschaltbilder herangezogen. Die Elemente des Systems werden durch Blöcke in Form von Rechtecken dargestellt. Die Beziehungen zwischen den Systemelementen

---

1) Vgl. BAETGE (1974, S. 11).
2) Vgl. ADAM/HELTEN/SCHOLL (1970, S. 121 ff.).

sowie zwischen System und Umwelt werden graphisch durch Pfeile (Wirkungslinien) veranschaulicht. Die Pfeilorientierungen symbolisieren dabei die Richtungen, in denen die Elemente aufeinander einwirken.

Blockschaltbilder stellen nur ein anschauliches Hilfsmittel dar, um die algebraische Erfassung der Modellrelationen logisch vorzubereiten. Das analytische Problem besteht darin, für jedes Systemelement die mathematische Funktion aufzufinden, die dessen Wirkungsweise möglichst gut beschreibt, um so letztlich das Gesamtverhalten des Systems zu erfassen.

5.2 Modell der Ersatzteildisposition

Unter Verwendung des systemtheoretischen Instrumentariums wird nun das Modell einer zentralen Ersatzteillagerhaltung dargestellt und die Wirkungsweise der Systemelemente in einzelnen Abschnitten erläutert.

5.2.1 Modellannahmen und Modelldarstellung

Obwohl mit dem Modell primär die Probleme der Ersatzteillagerhaltung beim Hersteller von Produktionsanlagen dargestellt werden sollen, wird erweiternd von der Annahme ausgegangen, daß der Hersteller ein zentrales Teilelager unterhält, in dem nicht nur Ersatzteile bevorratet, sondern auch die Einsatzteile für die Anlagenfertigung zwischengelagert werden. Während des Lagervorganges können die baugleichen Teile nicht unterschieden werden. Erst mit der Entnahme liegt der Verwendungszweck als Ersatzteil oder Einsatzgut fest. Die unterschiedliche Verwendung wird in der graphischen Darstellung durch die vom Element "Lager" ausgehenden Pfeile symbolisiert (Vgl. Abb. 5.1).

Die Bauteile werden entweder beim Hersteller gefertigt, oder durch Zulieferung von anderen Unternehmen bezogen. Unabhängig von diesen organisatorischen Gegebenheiten wird die Bauteilefertigung als eigenständiges Element aufgefaßt.

Diese beiden zentralen Elemente "Teilefertigung" und "Teilelager" werden durch den Regler I zu einem inneren Regelkreis zusammengefaßt. Weicht der Lagerbestand von einem vorgegebenen Sollwert ab, veranlaßt Regler I eine Auffüllung des Lagers durch eine Bestellung an die Teilefertigung. Regler I übernimmt die eigentliche Disposition, indem er Zeitpunkt und Umfang der Auffüllung pro Ersatzteilposition entsprechend den Führungsgrößenvorgaben festlegt.

Dem inneren Regelkreis ist eine zweite, äußere Rückkopplungsschleife übergeordnet, die der Festlegung der Führungsgrößen des inneren Reglers dient. Regler II repräsentiert bei gegebener Prozeßstruktur die Beziehungen, die zwischen den Dispositionsparametern und den Entscheidungskriterien bestehen. Dieser übergeordnete Regler reagiert auf Veränderungen der Struktur des Nachfrageprozesses und paßt die Führungsgröße des ersten Reglers adaptiv an. Berücksichtigung finden dabei Informationen wie Vergangenheitsbedarf, deterministische Bedarfsanteile sowie Zusatzinformationen bezüglich Strukturverschiebungen im Nachfrageprozeß.

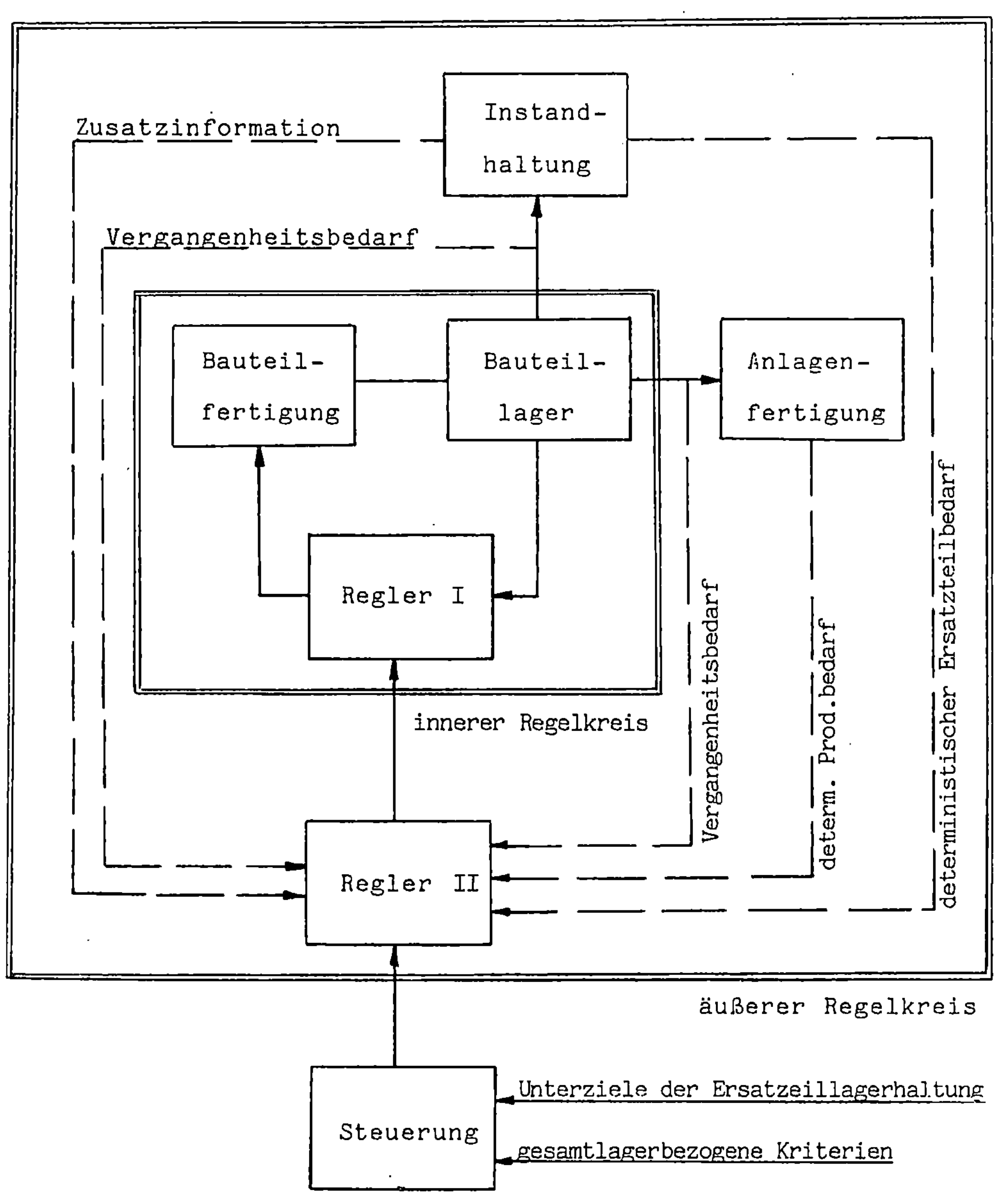

Abb. 5.1: Modell der zentralen Ersatzteillagerhaltung

Diesem hierarchischen, adaptiven Regelsystem sind nun die Präferenzvorstellungen bezüglich der Entscheidungskriterien in Form von Führungsgrößen für den Regler II vorzugeben. Der notwendige Entscheidungsprozeß, bei dem neben den drei abgeleiteten Unterzielen der Ersatzteillagerhaltung weitere gesamtlagerbezogene Kriterien berücksichtigt werden können, ist in der graphischen Darstellung durch ein Steuerungselement symbolisiert.

Weiterhin liegen dem Modell folgende Annahmen zugrunde:

- Lagerentnahmen erfolgen in ganzzahligen positiven Einheiten.

- Den Betrachtungen wird eine feste Bezugsperiode zugrundegelegt. Alle während einer Bezugsperiode auftretenden Nachfragen werden zu einem Gesamtbedarf pro Bezugsperiode kumuliert.

- Die Periodennachfrage wird als nichtnegative Zufallsvariable X betrachtet, die einer Wahrscheinlichkeitsverteilung F(x) unterliegt.

- Die Nachfrageverteilungen in den einzelnen Perioden werden zunächst als identisch und unabhängig vorausgesetzt.

- Lagerauffüllungen treffen mit einem Zeitverzug im Lager ein. Da diese Wiederbeschaffungszeit nur geringen Schwankungen ausgesetzt ist, wird sie als fix unterstellt.

- Auftretende Fehlmengen werden nach Auffüllung des Lagers ausgeliefert (Vormerk-Fall).

5.2.2 Innerer Regelkreis

Der innere Regelkreis symbolisiert das Dispositionskonzept des Ersatzteillagers für eine einzelne Ersatzteilposition. Mit diesem Regler werden sowohl der Zeitpunkt der Auslösung einer Bestellung als auch der Bestellumfang festgelegt.

Die Auswahl des anzuwendenden Regelmechanismus wird durch zwei generelle Forderungen eingeengt. Da in der Regel mehrere tausend Ersatzteilpositionen parallel zu bewirtschaften sind, wird ein numerisch einfach zu handhabender Mechanismus angestrebt. Auf der anderen Seite muß die Disposition jedoch genügend Flexibilität aufweisen, um mittels des zweiten Reglers eine Anpassung an die Zielvorstellungen der Ersatzteilwirtschaft zu ermöglichen.

Die verschiedenen Dispositionskonzepte können zunächst entsprechend der Festlegung der Bestellzeitpunkte gegliedert werden. Regler mit festen Bestellintervallen, sogenannte "Bestellzyklusregler", werden für regelmäßigen Bedarf mit einem hohen deterministischen Bedarfsanteil eingesetzt; sie sind für einen sporadischen Nachfrageverlauf jedoch ungeeignet. Dagegen haben sich sogenannte Bestellpunktregler in der Praxis als überaus flexible Bestellauslösemechanismen erwiesen.

Bei diesen Dispositionskonzepten wird eine Lagerauffüllbestellung dann ausgelöst, wenn der disponible Lagerbestand einen festgelegten Bestellpunkt s erreicht bzw. unterschreitet. Der disponible Lagerbestand umfaßt sowohl den physischen Lagerbestand als auch die bestellten aber noch nicht gelieferten Lagerauffüllmengen.

Bestellpunktregler werden weiter klassifiziert in solche mit einer festen oder variablen Bestellmenge.

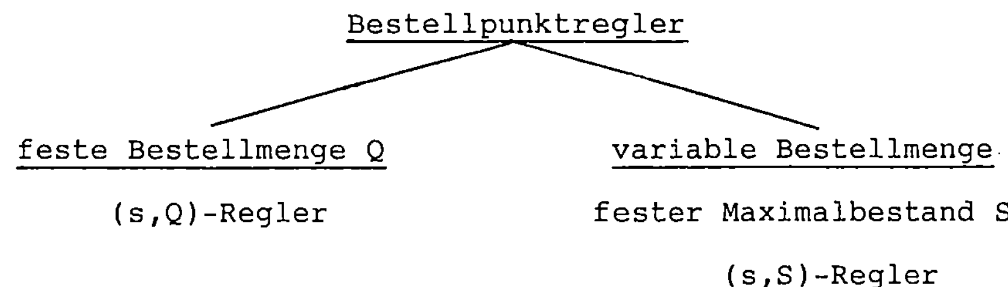

Abb. 5.2: Klassifikation der Bestellpunktregler

(s,Q)-Regler enthalten als Führungsgröße sowohl den Bestellpunkt s als auch die Bestellmenge Q. Erreicht der Lagerbestand den Bestellpunkt, wird eine Auffüllung des Lagers in Höhe von Q Einheiten ausgelöst.

(s,S)-Regler ermitteln völlig analog den Bestellzeitpunkt durch Überprüfung des disponiblen Lagerbestandes mit dem vorgegebenen Bestellpunkt. Die zweite Führungsgröße des Reglers stellt jedoch einen Maximalbestand dar. Die jeweilige Bestellmenge errechnet sich als Differenz aus Maximalbestand und aktuellem disponiblen Bestand zum Zeitpunkt der Bestellauslösung. Diese Regelung unterscheidet sich immer dann von der ersten, wenn der Bestellpunkt unterschritten wird. Die Differenz von Maximalbestand S und Bestellpunkt s kann dementsprechend als Mindestbestellmenge D=S-s interpretiert werden.

Die unterschiedlichen Wirkungsweisen der beiden Dispositionskonzepte wird in Abb. 5.3 veranschaulicht. Die Grafiken zeigen, daß ein (s,Q)-Regler gegenüber einem (s,S)-Regler mit Mindestbestellmenge D = Q bei sporadischem Bedarf wesentlich kürzere Bestellzyklen aufweist.

Nachfrageverlauf:

0 5 1 0 0 7 0 0 3 0 1 0 5 0 0 6 0 2 3 0 0 2 2 0 5

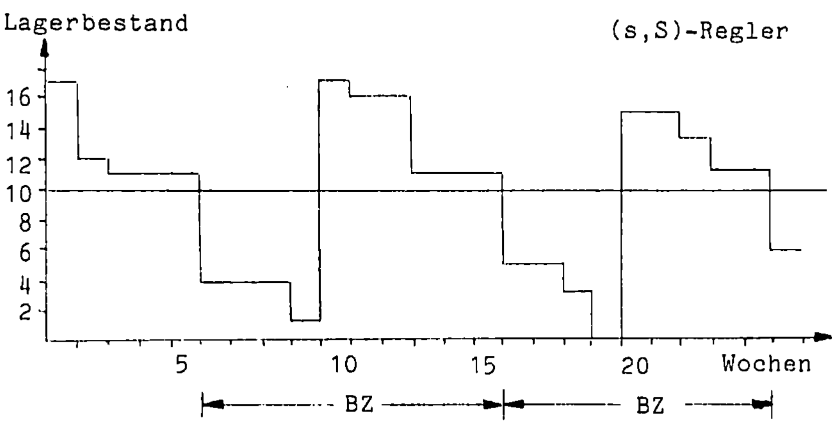

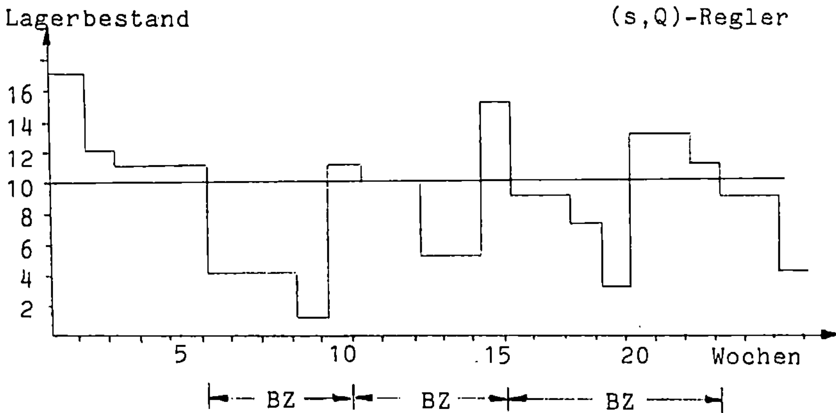

Abb. 5.3: Lagerdisposition mit einen (s,Q)- bzw. einem (s,S)-Regler. Zeitraum: 25 Perioden; Wiederbeschaffungsfrist: 4 Perioden; Bestellpunkt: s=10; Bestellmenge: Q=10; Maximalbestand: S=20.

5.2.3 Äußerer Regelkreis

Die Führungsgrößen des inneren Regelkreises sind vom
äußeren Regelkreis in Abhängigkeit von der Nachfragestruktur so festzulegen, daß der Lagerprozeß einen
bezüglich der Entscheidungskriterien zufriedenstellenden Zustand erreicht. Das analytische Problem liegt nun
darin, eine mathematische Funktion zu finden, die bei
vorgegebenem Nachfrageprozeß die quantitativen Beziehungen zwischen den Dispositionsparametern und den
Entscheidungskriterien hinreichend genau beschreibt.

5.2.3.1 (s,Q)-Regler

Für (s,Q)-Regler wurde von BROWN[1] ein Ansatz zur
Berechnung der Dispositionsparameter entwickelt. Bezeichne X die Zufallsvariable der Höhe der Nachfrage in
der Wiederbeschaffungszeit des Lagers und sei $f_\lambda(x)$ die
Dichtefunktion der zugehörigen Wahrscheinlichkeitsverteilung. Fehlmengen im Lagerprozeß ergeben sich
immer dann, wenn der Bedarf in der Wiederbeschaffungszeit den Bestellpunkt s übersteigt. Mit den obigen
Bezeichnungen berechnet sich der Erwartungswert der
Fehlmenge E(FM) pro Bestellzyklus zu:

$$E(FM) = \int_{s}^{\infty}(x-s)\cdot f_\lambda(x)dx.$$

Die Gesamtnachfrage in einem Bestellzyklus, also der
Bedarf zwischen zwei aufeinanderfolgenden Bestellaus-
lösungen, beträgt Q Einheiten. Ein β-Servicegrad sagt
aus, daß die Fehlmengen im Mittel das $(1-\beta)$-fache der
Nachfrage umfassen. Als Bestimmungsgleichung für die

---

1) Vgl. BROWN (1962).

Einhaltung eines vorgegebenen Lieferbereitschaftsniveaus ergibt sich somit:

$$\int_{s}^{\infty} (x-s) \cdot f_{\lambda}(x) \, dx = (1-\beta) \cdot Q .$$

Der von BROWN entwickelte Ansatz leitet für den (s,Q)-Regler bei vorgegebener Bestellmenge Q funktionale Beziehungen zwischen dem Bestellpunkt s und dem Servicegrad β her. Dieser Ansatz basiert jedoch auf einer Reihe von einschränkenden Annahmen, deren Erfüllung in der Praxis oft nicht gegeben ist und die in der Literatur bei der Diskussion häufig unerwähnt bleiben.

Mit der Vorgabe einer festen Bestellmenge wird implizit vorausgesetzt, daß eine Lagerauffüllung genau dann vorgenommen wird, wenn der verfügbare Lagerbestand den Bestellpunkt erreicht. Um eine Unterschreitung des Bestellpunktes auszuschließen, muß dementsprechend sichergestellt werden, daß die Nachfrage pro Periode nur die Werte Null oder Eins annehmen kann. Diese Bedingung wird in der Praxis, insbesondere bei sporadischem Bedarf, nicht erfüllt sein.

Wird der Bestellpunkt zum Zeitpunkt der Wiederauffüllung unterschritten, reicht der verbleibende Lagerbestand nicht aus, um im Mittel die Einhaltung des angestrebten Servicegrades zu gewährleisten. Eine Unterschreitung des Bestellpunktes bewirkt eine Senkung des realisierten Servicegrades. Um diesen systematischen Fehler auszugleichen, verlängert man in der Bestimmungsgleichung des Bestellpunktes die Wiederbeschaffungsfrist um eine Periode. Mit dieser Vorgehensweise wird darauf abgezielt, daß sich die zwei Wirkungen, die eine Abweichung des realisierten Servicegrades vom berechneten verursachen, gegenseitig kompensieren.

Die Ausdehnung der Beschaffungsfrist bewirkt eine Anhebung des Bestellpunktes und führt tendenziell zu einer Erhöhung des erzielten Lieferbereitschaftsgrades gegenüber dem angestrebten. Die potentielle Unterschreitung des Bestellpunktes dagegen bewirkt eine Senkung desselben.

Die quantitativen Auswirkungen einer Verlängerung der Lieferfrist um eine Bezugsperiode werden insbesondere bei langen Wiederbeschaffungszeiträumen gering sein. Bei Nachfrageprozessen mit großer Varianz, also bei sporadischem Bedarf mit einem Variationskoeffizienten größer 0.5, wird der Lieferbereitschaftsgrad i.d.R. das gewünschte Niveau nicht erreichen, da der Einfluß des Unterschreitens des Bestellpunktes überwiegt.

5.2.3.2 (s,S)-Regler

Bei einem (s,S)-Regler wird die Annahme, daß eine Auffüllbestellung stets bei Erreichen des Bestellpunktes erfolgt, aufgegeben und die Unterschreitung explizit im Regelmechanismus berücksichtigt.

Die funktionalen Beziehungen zwischen einem (s,S)-Regler und den Entscheidungskriterien wurden zuerst von BEESACK[1] betrachtet. Die erzielten Resultate erwiesen sich jedoch in der Anwendung als nicht praktikabel. Die Lagerkennziffern als Funktion der unabhängigen Parameter s und S darzustellen, gelingt nur in Form sehr komplexer Ausdrücke. Da das (s,S)-Dispositionskonzept eine Unterschreitung des Bestellpunktes zum Zeitpunkt der Bestellauslösung in Form einer variablen Bestell-

---

1) Vgl. BEESACK (1967).

menge explizit berücksichtigt, muß die Wahrscheinlichkeitsverteilung dieser Bestellmenge in die Berechnung des Bestellpunktes eingehen. Die Bestellmenge
ergibt sich als Differenz aus Maximalbestand und ver-
fügbarem Lagerbestand bei Auslösung der Auffüllung, so
daß letztlich eine Aussage über die Höhe des disponiblen Lagerbestandes erforderlich ist. Bei der Darstellung der Wahrscheinlichkeitsverteilung des Lagerbestandes zum Zeitpunkt der Bestellung treten äußerst
komplexe Funktionsausdrücke auf.

Aus diesem Grunde ist es unvermeidlich, bei der Bestimmung der Führungsgrößen des Reglers auf Heuristiken
zurückzugreifen. Um implementierfähige Resultate zu
erzielen, ist dabei immer ein Kompromiß zwischen den
Anforderungen an Exaktheit und Praktikabilität vorzunehmen. Jedoch muß jede Approximation komplexer Ausdrücke zunächst stichhaltig begründbar sein und durch
Untersuchungen validiert werden. Dieser Validierung
diente die sich an die theoretischen Ausführungen an-
schließende Simulationsstudie mit empirischen Daten.

Zur Herleitung der Beziehungen zwischen den Entscheidungskriterien und den Dispositionsparametern sei zunächst ein Bestellzyklus betrachtet. Ein Bestellzyklus
umfaßt die Zeitspanne zwischen zwei aufeinanderfolgenden Lagerauffüllungen. Der Erwartungswert des Fehlmen-
genanteils am Gesamtbedarf $(1-\beta)$ ergibt sich unter
Vernachlässigung der Streuung als Erwartungswert der
Fehlmengen pro Bestellzyklus dividiert durch den Erwartungswert der Nachfrage in einem Bestellzyklus:

$$1-\beta = \frac{\text{Erwartungswert der Fehlmenge}}{\text{Erwartungswert der Gesamtnachfrage}} \qquad (1)$$

Setzt man voraus, daß der Lagerbestand unmittelbar nach Eintreffen einer Lagerauffüllung bis auf eine vernachlässigbar kleine Wahrscheinlichkeit positiv ist, dann stimmt der Erwartungswert der Fehlmengen überein mit der mittleren Unterdeckung des Lagers unmittelbar vor Eintreffen der Auffüllung. Damit ergibt sich:

$$1-\beta = \frac{E(U)}{E(N/BZ)} \qquad (2)$$

E(U):   Erwartungswert der Unterdeckung des Lagers
           unmittelbar vor Eintreffen der Auffüllung
E(N/BZ):   Erwartungswert der Nachfrage im Bestellzyklus

Um die beiden Erwartungswerte quantitativ darstellen zu können, müssen zunächst zwei weitere Zufallsvariablen definiert werden:

Z: Unterschreitung des Bestellpunktes zum Zeitpunkt
   der Auslösung der Auffüllbestellung
Y: Nachfrage innerhalb der Wiederbeschaffungsfrist.

Mit diesen beiden Zufallsvariablen läßt sich nun der Erwartungswert der Nachfrage im Bestellzyklus darstellen. Zur Herleitung der Formel ist es sinnvoll, eine andere äquivalente Eingrenzung des Bestellzyklus zugrundezulegen. Der Bestellzyklus ergibt sich bei fester Wiederbeschaffungsfrist auch als Zeitraum zwischen zwei aufeinanderfolgenden Bestellauslösezeitpunkten. Unmittelbar nach Auslösen einer Bestellung beträgt der disponible Lagerbestand S und bei der nächstfolgenden Bestellauslösung im Mittel gerade s - E(Z) Einheiten. Die Differenz entspricht der mittleren Nachfrage im Bestellzyklus:

$$E(N/BZ) = S - s + E(Z) \qquad (3)$$

Zur Berechnung der mittleren Nachfrage pro Bestellzyklus ist somit die Kenntnis der Verteilung von Z
erforderlich. Unter Heranziehung von Standardresul-
taten[1] der Erneuerungstheorie läßt sich der Erwartungswert von Z für sporadischen Bedarf abschätzen
durch:

$$E(Z) = \frac{\sigma^2 + \mu^2}{2\mu} \qquad (4)$$

μ : Mittelwert der Periodennachfrage
σ^2 : Varianz der Periodennachfrage

Unter der Annahme, daß sich unterschiedliche Bestellzyklen im Zeitablauf nicht überschneiden, ergibt sich
die Höhe des verfügbaren Lagerbestandes unmittelbar vor
Eintreffen der Wiederauffüllbestellung in Abhängigkeit
vom Bestellpunkt und den Zufallsvariablen Z und Y zu:

$$s - (Z + Y) \qquad (5)$$

Sei W die Zufallsvariable, die sich aus der Summe der
Zufallsvariablen Y und Z ergibt: W = Y + Z, und bezeichne h(w) die zugehörige Wahrscheinlichkeitsdichte.
Im Lagerprozeß treten Fehlmengen immer dann auf, wenn
die Nachfrage Y innerhalb der Wiederbeschaffungsfrist
den Lagerbestand zum Zeitpunkt der Bestellauslösung
s - Z übersteigt:

$$Y \geq s - Z \qquad (6)$$

Der Umfang der Fehlmenge berechnet sich als Differenz
der beiden Werte:

$$FM = Y - (s - Z) = Y + Z - s = W - s \qquad (7)$$

---

1) Vgl. Anhang 1.

Mit den obigen Bezeichnungen ergibt sich der Erwartungswert der Fehlmenge dann zu:

$$E(FM) = \int\limits_{s}^{\infty} (w-s) \cdot h(w) dw \tag{8}$$

Aufbauend auf einer Approximation von ROBERTS[1] läßt sich eine Abschätzung dieses Erwartungwertes mittels der Verteilung der Nachfrage in der Wiederbeschaffungszeit angeben[2] :

$$\int\limits_{s}^{\infty} (w-s) \cdot h(w) dw \approx \frac{1}{2\mu} \cdot \int\limits_{s}^{\infty} (x-s)^2 \cdot f_{\lambda}(x) dx \tag{9}$$

$f_{\lambda}(x)$: Wahrscheinlichkeitsdichte der Nachfrage in der Wiederbeschaffungszeit.

Aus (2), (3), (4) und (9) ergibt sich dann folgende Abschätzung für den Servicegrad:

$$(1-\beta) = \frac{E(FM)}{E(N/BZ)} \approx \frac{\int\limits_{s}^{\infty} (w-s) \cdot h(w) dw}{(S-s + \frac{\sigma^2 + \mu^2}{2\mu})} \approx \frac{\frac{1}{2\mu} \cdot \int\limits_{s}^{\infty} (x-s)^2 f_{\lambda}(x) dx}{(S-s + \frac{\sigma^2 + \mu^2}{2\mu})}$$

$$\Leftrightarrow \quad \int\limits_{s}^{\infty} (x-s)^2 f_{\lambda}(x) dx = (1-\beta) \cdot 2\mu \cdot (S-s + \frac{\sigma^2 + \mu^2}{2\mu}) \tag{10}$$

Diese Integralgleichung beschreibt die Abhängigkeiten zwischen den Dispositionsparametern und der Verfügbarkeitskennzahl für hohe Servicegrade, wenn die Mindestbestellmenge größer als die mittlere Nachfrage in der Wiederbeschaffungszeit gewählt wird.[3]

---

1) Vgl. ROBERTS (1962).
2) Vgl. SCHNEIDER (1978).
3) Vgl. TIJMS/GROENEVELT (1984).

Bei einem Vergleich der Berechnungsformeln des Bestellpunktes eines (s,Q)- und (s,S)-Reglers wird deutlich,
daß der wesentliche Unterschied in dem quadratischen
Faktor des Integranden gegeben ist. Dies ist darauf
zurückzuführen, daß die Unterschreitung des Bestellpunktes als Korrekturterm explizit in die Abschätzung
einbezogen wird und damit die Varianz der Nachfrage
eine stärkere Gewichtung erhält.

Aufbauend auf diesen funktionalen Beziehungen können
nun die Beziehungen der Dispositionsparameter zu den
beiden anderen Entscheidungskriterien hergeleitet
werden.

Zur Berechnung der Bestellhäufigkeit sei zunächst der
mittlere Umfang einer Auffüllbestellung betrachtet. Der
Erwartungswert der Bestellmenge $E(Q)$ entspricht unter
den getroffenen Annahmen dem Erwartungswert der Nachfrage pro Bestellzyklus:

$$E(Q) = E(N/BZ) = S - s + E(Z)$$

Die mittlere Länge eines Bestellzyklus $E(L)$ kann abgeschätzt werden durch die mittlere Reichweite einer
Bestellung bei einer durchschnittlichen Unterschreitung
des Bestellpunktes:

$$E(L) = \frac{E(Q)}{\mu}$$

Die mittlere Bestellhäufigkeit $E(BH)$ ergibt sich als
Kehrwert dieser Größe:

$$E(BH) = \frac{1}{E(L)} = \frac{\mu}{E(Q)}$$

Zur Abschätzung des erwarteten mittleren Lagerbestandes
während des Bestellzyklus wird der arithmetische Mittelwert aus Lageranfangs- $E(LAB)$ und Lagerendbestand
$E(LEB)$ herangezogen:

$$E(LB) = \frac{E(LAB) + E(LEB)}{2}$$

Sei daher als Anfangszeitpunkt des Bestellzyklus das
Eintreffen einer Auffüllung gewählt. Dann wurde λ Perioden vorher eine Lagerauffüllbestellung in Höhe der
Differenz zwischen Maximalbestand und aktuellem Lagerbestand ausgelöst. Unmittelbar nach Eintreffen der
Bestellung beträgt der Bestand also im Mittel Maximalbestand minus Erwartungswert der Nachfrage in der Wiederbeschaffungszeit:

$$E(LAB) = S - \lambda \cdot \mu$$

Bis zum Ende des Bestellzyklus, der mit dem Eintreffen
der nächsten Bestellung endet, nimmt der Lagerbestand
nicht zu. Unmittelbar vor Eintreffen der Auffüllbestellung ergibt sich der mittlere Lagerbestand als Erwartungswert des Lagerbestandes zum Zeitpunkt der Bestellung minus mittlerer Nachfrage in der Widerbeschaf-
fungszeit:

$$E(LEB) = s - E(Z) - \lambda \cdot \mu$$

Damit berechnet sich der mittlere Lagerbestand zu:

$$E(LB) = \frac{E(LAB) + E(LEB)}{2}$$

$$= \frac{(S-\lambda\mu) + (s-E(Z)-\lambda\mu)}{2}$$

$$= \frac{S+s - 2\lambda\mu - E(Z)}{2}$$

$$= \frac{(S-s-E(Z)) + 2s - 2\lambda\mu - 2E(Z)}{2}$$

$$= \frac{E(Q)}{2} + s - \lambda\mu - E(Z)$$

Ein wesentlicher Aspekt dieses Regelmechanismus liegt
in der Bestimmung der den Rechenformeln zugrunde geleg-
ten Nachfrageverteilungen. Mit der Approximation der
Nachfrageverteilung aus den empirischen Werten beschäftigt sich der nächste Abschnitt.

5.2.3.3 Approximation der Nachfrageverteilung

Grundlage eines funktionierenden Lagersteuerungskonzeptes für stochastischen Bedarf ist neben der Anwendung der günstigsten Dispositionsregel eine möglichst gute Abschätzung der Bedarfsverteilung. Wie in Abschnitt 3.2 bereits dargelegt wurde, kommt der Auswahl des Verteilungstyps, mit dem eine Approximation vorgenommen werden soll, eine entscheidende Bedeutung zu. In dem Modell wird generell vorausgesetzt, daß regelmäßiger Bedarf mit einer Normalverteilung und sporadischer Bedarf mit einer Gammaverteilung dargestellt wird. Beide mathematischen Wahrscheinlichkeitsverteilungen enthalten zwei Parameter, mit denen eine Anpassung an die empirische Verteilung vorgenommen wird. Diese Anpassung wird um so besser gelingen, je mehr Informationen über die Struktur des Bedarfsprozesses vorliegen.

Im informationsmäßig ungünstigsten Fall, der zunächst zugrundegelegt werden soll, sind lediglich die Abgangswerte des Ersatzteillagers kumuliert nach Bezugsperioden vorhanden. Eine Parameteranpassung auf der Grundlage dieser Daten gestaltet sich problematisch, da die Auslieferungsstruktur nicht notwendigerweise mit der Nachfragestruktur identisch sein muß. Lieferverzögerungen oder Teillieferungen bewirken Abweichungen der realisierten Lagerabgangsstruktur vom auslösenden Bedarfsverlauf, die zu Fehlern bei der Berechnung der Dispositionsparameter führen.

Eine Lagerhaltungssituation mit minimalem Informationsgehalt kann jedoch nicht als Normalfall angesehen werden. Bei vielen praktischen Lagerdispositionsproblemen beschränkt sich die aktuell verfügbare Information allerdings auf die Kenntnis des tatsächlichen Nachfrageverlaufs in der Vergangenheit. Dementsprechend kann eine Parameteranpassung zunächst nur auf diesen Daten aufbauen. Implizit wird bei dieser Vorgehensweise vorausgesetzt, daß die zugrundegelegte Nachfrageverteilung im Zeitablauf konstant bleibt. Diese zum Teil sehr einschränkende Bedingung wird später wieder aufgehoben.

Beim Anpassungsvorgang der mathematischen Verteilung an die empirische ergibt sich das Grunddilemma der Statistik. Die Parameter der Verteilung sollen erstens exakt sein und zweitens ein hohes Maß an Sicherheit aufweisen. Völlige Sicherheit und Genauigkeit kann man bei stochastischen Prozessen nicht simultan erzielen. Für die Schätzung zukünftiger Größen kann man entweder die Forderung nach Genauigkeit sehr hoch ansetzen, wie bei der Punktschätzung eines Parameters mit Hilfe der statistischen Stichprobentheorie, oder die Sicherheit der Schätzung in den Vordergrund stellen, wie bei der statistischen Intervallschätzung[1]. Es erscheint hier angebracht, die Exaktheit der Prognose hervorzuheben, da letztlich nur eindeutig festgelegte Parameter in den Rechenkalkülen anwendbar sind.

Für die Schätzung von Parametern aus Stichprobenwerten ist eine umfangreiche Schätzmethodik entwickelt worden. Von besonderer Wichtigkeit ist die Maximum-Likelihood-Methode, wenn der Typ der Verteilungsfunktion bekannt ist. Sie bestimmt diejenigen Werte als Schätzwerte für die unbekannten Parameter, die dem erhaltenen Stichprobenresultat die größte Wahrscheinlichkeit des Auftretens verleihen. Wegen numerischer Probleme bei der Anwendung der Maximum-Likelihood-Methode im Falle sporadischen Bedarfs[2] wird zur Schätzung der Verteilungsparameter die Momentmethode verwendet. Für eine Verteilungsfunktion mit n Freiheitsgraden werden dabei

---

1) Vgl. BAETGE (1974, S. 58).
2) Vgl. BURGIN (1975, S. 511).

die Verteilungsparameter so ermittelt, daß die Verteilung hinsichtlich der ersten n Momente mit den entsprechenden empirischen Größen übereinstimmt. Im Falle der Gammaverteilung als zweiparametriger Verteilung genügt daher der Abgleich mit Mittelwert und Varianz.

Bezeichne $\hat{\mu}$ den Mittelwert und $\hat{\sigma}^2$ die Varianz der Periodennachfrage. Aus den Formeln für die Momente der Gammaverteilung:

$$\mu = \frac{k}{\alpha} \; ; \qquad \sigma^2 = \frac{k}{\alpha^2}$$

ergeben sich die Verteilungsarameter durch Auflösung nach k und α:

$$k = \frac{\hat{\mu}^2}{\hat{\sigma}^2} \; ; \qquad \alpha = \frac{\hat{\mu}}{\hat{\sigma}^2}$$

Damit ist die Bedarfsverteilung während einer Bezugsperiode durch eine Gammaverteilung beschrieben.

Für Lagerhaltungsprobleme, bei denen die Zeit zur Lagerauffüllung mehrere Perioden umfaßt, interessiert nun die Bedarfsverteilung in der Wiederbeschaffungszeit des Lagers.

Sei die Wiederbeschaffungszeit konstant und betrage λ Perioden. Bezeichne $X_1,...,X_\lambda$ die Zufallsvariablen der Nachfrage in den Perioden $1,...,\lambda$. Die Verteilung $f(x;\lambda)$ für die Zufallsvariable $X = X_1+...+X_\lambda$ der Gesamtnachfrage in der Wiederbeschaffungszeit ergibt sich als Faltung aus den Verteilungen $f(x_i)$ der einzelnen Periodennachfragen. Unter der Annahme, daß die Zufallsvariablen X_i, $i = 1,...,\lambda$ identisch verteilt und unabhängig sind, spricht man von λ-facher Faltung. Die λ-fache Faltung einer Gammaverteilung ist wieder eine Gammaverteilung mit den Parametern a, $\lambda \cdot k$ und der Dichtefunktion:

$$f(x;\lambda) = \frac{\alpha^{\lambda k} \cdot x^{\lambda k-1} \cdot e^{-\lambda x}}{\Gamma(\lambda k)}$$

Damit ist der Regler II im Falle von minimalem Informationsaufkommen eindeutig bestimmt. Das aufgestellte Dispositionskonzept ist unter den Modellannahmen zwar voll funktionsfähig, weist aber noch einige Schwachstellen auf. Die Ausrichtung auf ein einfach zu handhabendes, praktikables Dispositionskonzept basiert weitgehend auf einer numerischen Berechnung der Dispositionsparameter aus Vergangenheitsdaten. Damit ist eine frühzeitige Anpassung an veränderte Umweltbedingungen sowie an Verschiebungen in der Nachfragestruktur nicht möglich.

Informationen über die zukünftige Entwicklung der Ersatzteilnachfrage können, auch wenn vorhanden, nicht berücksichtigt werden, da die numerische Integration nicht vorgesehen ist. Dieser gravierende Nachteil soll nun durch Erweiterung des Reglers II mit entsprechenden Regelkreismodulen beseitigt werden. Zunächst wird die Erweiterung zu einem selbstregulierenden Regelkreissystem mittels adaptiver Anpassung dargestellt.

5.2.3.4 Adaptive Anpassung bei instationärer Nachfrage

Bisher wurde in dem vorgestelltem Modell davon ausgegangen, daß die Nachfrageverteilung im Zeitablauf konstant bleibt. In der Praxis kann die Richtigkeit dieser Annahme nur für kurze Zeiträume unterstellt werden. Längerfristig haben Veränderungen der Anzahl eingesetzter Produktionsanlagen, der Nutzungsintensität sowie der Altersstruktur Auswirkungen auf das Ausfallverhalten der Bauteile und damit auf die Ersatzteilnachfrage.

Diese Abhängigkeiten in explizite funktionale Zusammenhänge zu fassen, bedürfte einer umfassenden Regres-
sionsanalyse, die in der Regel nicht durchführbar ist.
Daher soll der Bedarfsverlauf in der Vergangenheit als
die primäre Datenquelle zur Parameterschätzung dienen.
Im weiteren werden jedoch Strukturverschiebungen der
Nachfrage berücksichtigt. Solche Änderungen im Nachfrageprozeß können sich dabei sowohl auf die Nachfragegewohnheiten als auch auf den Umfang der Gesamtnachfrage
beziehen. Soweit die Einflüsse nicht kurzfristig wirksam werden, muß die Anpassung der Schätzwerte mit formalen Adaptionsvorschriften erfolgen.

Methoden der kurzfristigen Prognose, die auf einer
dynamischen Analyse der Zeitreihe basieren, verwenden
unterschiedliche Gewichtungstechniken der Information,
mit denen Anpassungen an Änderungen der Grundstruktur
vorgenommen werden. Einfache Mittelwertmethoden sind
zur Parameterschätzung ungeeignet, da sie alle früheren
Periodenwerte gleichgewichtig in die Rechnung einbeziehen. Adaptive Verfahren wie gleitende Mittelwerte
oder exponentielle Glättung eliminieren den Einfluß
lange zurückliegender Perioden zwar, sind jedoch sehr
reagibel bei großen Unterschieden zwischen den einzelnen Periodennachfragen, die gerade den sporadischen
Bedarf kennzeichnen.

Im Vergleich mit dem Verfahren der gleitenden Mittelwerte weist die exponentielle Glättung folgende Vorteile auf.[1] Zur Berechnung des neuen Prognosewertes
werden nur der alte Prognosewert, der Glättungsparameter und der letzte Periodenwert benötigt. Das Verfahren minimiert die Abweichungsquadrate zwischen Beob-
achtungs- und Prognosewert und ist optimal bezüglich

---

1) Vgl. MERTENS (1981, S. 47).

dieses Kriteriums.[1] Reagibilität und Stabilität des
Verfahrens werden lediglich durch einen Parameter
determiniert. Aufgrund dieser numerischen Vorteile wird
im Modell vorausgesetzt, daß die empirischen Momente
Mittelwert $\hat{\mu}_t$ und Varianz $\hat{\sigma}_t^2$ mittels exponentieller
Glättung adaptiv an Strukturveränderungen angepaßt
werden.

$$\hat{\mu}_t = \rho \cdot x_t + (1-\rho) \cdot \hat{\mu}_{t-1}$$

$$\hat{\sigma}_t^2 = \rho \cdot (x_t - \hat{\mu}_{t-1})^2 + (1-\rho) \cdot \hat{\sigma}_{t-1}^2$$

Bei der Wahl des Glättungsparameters ρ gilt es, einen
befriedigenden Kompromiß zwischen Stabilität gegen
Zufallsabweichungen und Reagibilität auf Strukturände-
rungen zu finden. Geringe Werte für den Glättungsparameter dämpfen den Einfluß der starken Bedarfsschwan-
kungen. Diese Parameterfestsetzung hat eine relative
Konstanz in der Schätzung der empirischen Verteilungs-
koeffizienten zur Folge. Größere Werte für den Glättungsparameter bewirken starke Schwankungen in den
Schätzwerten und führen tendenziell zu einer Unterschätzung des Mittelwertes (vgl. Abb. 6.1).

Diese Unterschätzung resultiert unmittelbar aus dem
hohen Anteil der Perioden ohne Nachfrage. Folgen mehrere Nullperioden aufeinander, so verringert sich der
Schätzwert mit steigendem Glättungsparameter über-
proportional. Die prozentuale Abnahme des Prognosewertes ergibt sich aus der Formel der exponentiellen
Glättung unmittelbar als Funktion des Glättungsparameters ρ und der Anzahl Nullperioden n zu $(1-\rho)^n$. Bei 6
aufeinaderfolgenden Nullperioden fällt der Prognose-

---

1) Vgl. BROWN (1962).

wert bei einem Glättungsparameter von 0.1 auf 53% des Anfangsschätzwertes, während er bei einem Wert von 0.01 noch 94% des Ausgangswertes aufweist. Da Perioden ohne Nachfrage für sporadischen Ersatzteilbedarf nicht als Ausdruck eines Nachfragerückgangs sondern der Unregelmäßigkeit der Nachfrage gewertet werden müssen, erweist sich der niedrigere Parameter als angebracht.

Verfahren der exponentiellen Glättung mit niedrigen Glättungsparametern weisen allerdings den Nachteil auf, daß sie bei starken Strukturbrüchen sehr träge ragieren. Eine schnellere Anpassung könnte bei Strukturveränderungen der Nachfrage durch kurzfristige Anhebung des Glättungsparameters erzielt werden. Eine solche Anpassung des Parameters kann sowohl manuell als auch autoadaptiv erfolgen.

Das Prinzip der autoadaptiven Techniken besteht in einer dynamischen Aktualisierung der Grundstruktur, indem der prognostizierte Wert der tatsächlich realisierten Größe gegenübergestellt und die Differenz zu einer Anpassungsvorschrift verarbeitet wird. Eine Abweichung des prognostizierten Wertes von der tatsächlich beobachteten Größe wird jedoch die Regel sein. Es stellt sich dann jeweils die Frage, ob diese Abweichung zufälliger Natur ist oder das erste Anzeichen dafür darstellt, daß sich die Zeitreihe in ihrem Verhalten grundlegend geändert hat. Im ersten Fall soll das Verfahren die Abweichung dadurch herausglätten, daß es durch Verwendung von vielen Vergangenheitsdaten den Einfluß zufälliger Abweichungen klein hält. Im zweiten Fall sollte das Verfahren die älteren Daten möglichst gering gewichten und die Prognose aus den neuesten Daten ableiten, damit die Anpassung möglichst rasch erfolgt.

Das Problem der Anwendung autoadaptiver Techniken liegt
in der Formulierung der Anpassungsvorschrift. Gerade
bei sporadischen Zeitreihen muß die automatische Her-
ausarbeitung von Strukturen und Mustern als äußerst
störanfällig bezeichnet werden.

Bei der Konzeption eines Prognoseverfahrens ist daher
zu prüfen, ob eine Verbesserung der Prognose dadurch
erreicht werden kann, daß man einen Eingriff des Men-
schen explizit vorsieht.[1] Eine solche Vorgehensweise
kann sinnvoll sein, da der Mensch über große Fähigkei-
ten verfügt, wenn es darum geht, Regelmäßigkeiten oder
Abweichungen zu erkennen. Darüberhinaus kann er eine
Reihe - für das Verfahren externer - Informationen
besitzen. Die Prognose kann also verbessert werden,
wenn der Mensch dazu herangezogen wird, Besonderheiten
in der Zeitreihenentwicklung zu interpretieren oder
spezielle Informationen in das Verfahren einfliessen zu
lassen.

Im nächsten Abschnitt werden entsprechende Module erläutert, mit denen die qualitativen Informationen in
die Disposition integriert werden können.

5.2.3.5 Berücksichtigung von Zusatzinformationen

Um die Wirkungsweise des hier vorzustellenden Moduls zu
erläutern, soll zunächst eine Analyse der Ursachen für
das Zustandekommen von Verschiebungen im Nachfrageverlauf erfolgen. Auslösende Momente für Nachfragever-
schiebungen können sein:

---

1) Vgl. LEWANDOWSKI (1974, S. 30-69).

- starke Veränderungen im Bestand der eingesetzten
  Produktionsanlagen (Großkunde, Ausmusterung)
- Übernahme eines Teils des Bauteilsortiments in andere
  Anlagen (Baukastenkonzept der Fertigung)
- konstruktive Änderungen eines Bauteils, die ein geän-
  dertes Ausfallverhalten bewirken
- Veränderungen der Lagerprozesse in der Instandhaltung
  (Auf- oder Abbau von Beständen)
- Änderugen der Instandhaltungsstrategie (Sonderak-
  tionen, Großreparaturen).

Gemeinsames Merkmal all dieser Ursachen für Nachfrage-
änderungen ist der Umstand, daß sie in der Regel langfristig geplant sind oder zumindest ihre Auswirkungen
erst mit einem Zeitverzug wirksam werden und somit die
Information prinzipiell langfristig verfügbar ist.
Diese Zusatzinformation der Ersatzteilwirtschaft be-
reitzustellen, dürfte häufig ebenfalls realisierbar
sein. Allerdings fehlte bislang ein geeignetes Instrument, um die Information in die Berechnung der Dispositionsparameter explizit einfließen zu lassen.

Die oben aufgeführten Veränderungen bewirken nicht nur
eine Mittelwertverschiebung der Nachfrage, sondern
haben sicherlich auch Einfluß auf die Varianz. Während
die quantitativen Auswirkungen auf den mittleren Bedarf
noch relativ gut abgeschätzt werden können, ist eine
Analyse des Kausalzusammenhanges der Änderungen der
Streuung selbst mit statistischen Analysemethoden im
nachhinein wegen des sporadischen Charakters der Entnahmen schwer durchführbar. Eine Anpassung allein des
Mittelwertes der Nachfrageverteilung würde sicherlich
die Auswirkungen nicht korrekt widerspiegeln. Gerade
die stärkere Gewichtung der Varianz in der Bestimmungsgleichung des Bestellpunktes bei einem (s,S)-Regler
stellt den Vorteil gegenüber einem (s,Q)-Ansatz dar.

Zur Ableitung einer Anpassungsstrategie für die Varianz
sei zunächst daran erinnert, welche Bedeutung der Form
der Verteilung in bezug auf eine adäquate Approximation
des Bedarfsverlaufs zukommt. In Abschnitt 3.2.1.2
wurde hergeleitet, daß insbesondere sporadische Nachfrageverteilungen einen unterschiedlich stark ausge-
prägten linksschiefen Verlauf aufweisen. Setzt man
voraus, daß die einzelnen Nachfrager ihre generellen
Nachfragegewohnheiten nicht wesentlich ändern werden,
so kann man unterstellen, daß bei Mittelwertverschie-
bungen die Form der Verteilung sehr wenig variieren
wird.

Aus diesem Grund wird für die Varianz folgende Anpas-
sungsregel vorgeschlagen. Mit den vorliegenden Zusatzinformationen wird zunächst die erwartete Änderung des
Mittelwertes der Nachfrage geschätzt. Zur Approximation
der zukünftigen Nachfrageverteilung wird dann diejenige
Gammaverteilung herangezogen, die in bezug auf den
Mittelwert mit dem prognostizierten Wert übereinstimmt
und zudem dieselbe Schiefe aufweist wie die bisher
verwendete. Aufgrund dieser beiden Bedingungen wird
dann die resultierende Änderung der Varianz berechnet.
Eine solche Vorgehensweise ist durchführbar, da im
Gegensatz zu einparametrigen Verteilungen die Schiefe
der Gammaverteilung sowohl vom Mittelwert als auch von
der Varianz beeinflußt wird. Gammaverteilungen mit
konstanter Schiefe können bei entsprechender Variation
der Varianz unterschiedliche Mittelwerte annehmen.

Der so vorgenommenen manuelle Steuerungseingriff aufgrund von Zusatzinformationen ist nun in den Adaptionsprozeß des Regelkreises einzugliedern. Dazu werden die
Prognosewerte der exponentiellen Glättung für die aktuelle Perioden entsprechend korrigiert. Die darauf

aufbauende Schätzung der Gammaverteilung besitzt dann
die gewünschten Eigenschaften.

An dieser Stelle erlangt der besondere Vorteil der
exponentiellen Glättung, für die Prognose neben dem
letzten Beobachtungswert und dem Glättungsparameter nur
den Schätzwert der Vorperiode zu benötigen, entscheidende Bedeutung. Auf diese Weise ist die manuell ausge-
löste Veränderung der empirischen Verteilungsparameter
in das selbstregulierende adaptive Anpassungskonzept
des Regelmechanismus eingebettet. Damit werden Unter-
bzw. Überschätzungen der Änderungsraten in einigen
Perioden wieder ausgeglichen, ja sogar extreme Fehlein-
schätzungen berichtigt. Der manuelle Eingriff ist somit
nur bei Auftreten der Information notwendig, eine Überwachung der dadurch ausgelösten Lagerentwicklung jedoch
nicht erforderlich.

5.2.3.6 Integration deterministischer Bedarfsanteile

Bislang wurde - aus der Unvorhersehbarkeit des einzelnen
Ausfalls abgeleitet - immer unterstellt, daß der gesamte
Ersatzteilbedarf stochastischer Natur sei. Das Auftreten von Nachfrage sei weder quantitativ noch zeitlich
prognostizierbar und der Bedarf sei sofort zu befriedigen. In Abhängigkeit von der Dispositionstrategie der
Instandhaltung kann jedoch ein Teil des Bedarfs pro
Ersatzteilposition als deterministisch unterstellt
werden.

Erfüllt das zentrale Teilelager zugleich noch die
Funktion eines Bereitstellungslagers für die Fertigung
der Anlagen, so wird der deterministische Bedarfsanteil
noch steigen. Der Produktionsbedarf kann zu einem

großen Teil aus dem Fertigungsprogramm der Anlagen
über Verfahren der Stücklistenauflösung abgeleitet
werden. Nicht planbare Bedarfsanteile für die Produktion werden dagegen dispositionsmäßig wie Ersatzteilbedarf behandelt und damit automatisch in das Dispositionskonzept integriert.

Die Behandlung deterministischer und stochastischer
Nachfrage in einem simultanen Dispostionskonzept ist an
zwei Bedingungen geknüpft. Erstens ist sicherzustellen,
daß der langfristig bekannte Bedarf immer zum Lieferzeitpunkt zur Verfügung steht. Zweitens muß diese
zusätzliche Information ihren Niederschlag in einer
Reduktion des Bestellpunktes finden.

Die organisatorisch einfachste Lösung zur Erfüllung der
ersten Forderung ist die zumindest dispositionsmäßige
Aufgliederung des zentralen Teilelagers in zwei ge-
trennte Läger für deterministischen und stochastischen
Bedarf. Diese Vorgehensweise ist als unwirtschaftlich
einzustufen, da in beiden Lägern überflüssige Bestände
aufgrund der Mindestbestellmenge aufgebaut werden.

Daher wird vorgeschlagen, den deterministischen Bedarf
mittels Verfügbarkeitsrechnung[1] in das Dispositionskonzept einzubeziehen. Dazu wird der Regler I so erwei-
tert, daß bei Überprüfung der Bestellauslösung nicht
nur der aktuelle Lagerbestand berücksichtigt, sondern
auch die bereits bekannten Bedarfe für die einzelnen
Perioden innerhalb der ersatzteilspezifischen Wiederbeschaffungsfrist in den Kalkül einbezogen werden. Nachfragen mit einer Lieferfristvorgabe werden dann als
Reservierungen mit der Periode ihrer Auslieferung ver-
merkt. Sobald die Auslieferungsperiode in die Frist von
der Gegenwart plus Länge der Wiederbeschaffungszeit

---

1) Vgl. SOOM (1976, S. 83 ff.).

fällt, werden die Reservierungen dispositionsmäßig wie
erfolgte Lagerabgänge behandelt und die physischen
Bestände für die Erfüllung anderer Nachfrage gesperrt.

Der disponible Lagerbestand der Periode t ergibt sich
aus:
dem physischen Lagerbestand der Periode t
plus der Summe der ausstehenden Bestellmengen
minus den Reservierungen in den Perioden t+l.

Die Auslösung einer Auffüllbestellung hat immer dann zu
erfolgen, wenn der disponible Lagerbestand den Bestellpunkt unterschreitet, gleichgültig zu welchem Zeitpunkt
innerhalb des Wiederbeschaffungszeitraums das ge-
schieht.

Diese geänderte Dispositionsregel des Reglers I nutzt
alle zum Zeitpunkt der Lagerbestandsüberprüfung verfügbaren Informationen aus. Reservationen für den deterministischen Bedarfsanteil werden dabei zum spätest
möglichen Zeitpunkt vorgenommen.

Mit der so erweiterten Dispositionsregel ist zunächst
sichergestellt, daß deterministischer Bedarf immer zum
Lieferzeitpunkt zur Verfügung steht. Die Umsetzung der
zweiten vorgegebenen Forderung an ein Dispositionskonzept zur gleichzeitigen Behandlung deterministischer
und stochastischer Nachfragen bereitet größere Probleme. Die angestrebte Dispositionsstrategie wird nur
dann zu effizienten Lagersteuerungkonzepten führen,
wenn der deterministische Bedarfsanteil nicht zur Berechnung des Bestellpunktes herangezogen wird. Um nach
wie vor den angestrebten Servicegrad sicherzustellen,
muß mit steigendem Anteil deterministischer Nachfrage
der Bestellpunkt zurückgehen. Im Grenzfall rein deterministischen Bedarfs hat er den Wert Null anzunehmen.

Die exakte Ermittlung des Bestellpunktes bei gemischt stochastisch-deterministischem Bedarf erfordert eine genaue Analyse der Lieferfristenstruktur der Bedarfe und ist demzufolge sehr aufwendig.[1] Bei dem hier vorgestellten Regelungskonzept liefert eine vereinfachte Heuristik sehr gute Ergebnisse. Aus der Zeitreihe der Vergangenheitsbedarfe werden alle deterministischen Bedarfsanteile eliminiert (also insbesondere Teillieferungen) und der Bestellpunkt mittels des oben beschriebenen Verfahrens nur aufgrund des stochastischen Anteils berechnet. Bei der Festlegung des Maximalbestandes S ist dagegen der Gesamtbedarf zugrundezulegen. Diese Vorgehensweise führt zu zufriedenstellenden Ergebnissen.

Die Analyse für die Grenzfälle des stochastischen bzw. deterministischen Bedarfs unterstreicht die Plausibilität der vorgestellten Heuristik. Im rein deterministischen Fall schrumpft der Bestellpunkt auf Null. Im anderen Extremfall des rein stochastischen Bedarfs kommt allein das oben angegebene adaptive Regelungskonzept zum Tragen und der Bestellpunkt richtet sich auf die Einhaltung eines vorgegebenen Lieferbereitschaftsgrades.

---

1) Vgl. RUTZ (1970).

5.2.4 Lagersteuerung

In den bisher dargestellten Teilen des Dispositions-
modells sind die Abhängigkeiten zwischen den Elementen
des Lagersystems in Form analytischer Funktionen beschrieben worden. Damit ergibt sich die Möglichkeit,
die Beziehungen zwischen den Dispositionsparametern und
den Zielkriterien quantitativ zu erfassen und darzustellen. Alle realisierbaren Dispositionsalternativen
und damit implizit die funktionalen Abhängigkeiten
zwischen den Zielkriterien, die zumindest partiell in
Konkurrenzbeziehung zueinander stehen, können etwa in
Form einer dreidimensionalen Graphik veranschaulicht
werden.

Aufgrund der Präferenzvorstellungen zwischen den Entscheidungskriterien ist aus diesen realisierbaren
Lagerhaltungssituationen ein anzustrebender Systemzustand auszuwählen und die Disposition so auszurichten,
daß dieser Zustand erreicht wird. Im folgenden wird ein
Steuerungselement entwickelt, das durch Formulierung
von Führungsgrößenvorgaben für den adaptiven Regler die
Basis zur zielgerichteten Berechnung der Dispositionsparameter bildet.

5.2.4.1 Führungsgrößen des adaptiven Regelkreises

Zur Auswahl der Führungsgrößen des adaptiven Reglers
seien zunächst die Beziehungen zwischen den Unterzielen
der Ersatzteillagerhaltung näher betrachtet. Aus den
Bestimmungsgleichungen der Entscheidungskriterien wird
deutlich, in welcher Weise die Dispositionsparameter
auf den Lagerhaltungsvorgang einwirken.

Eine Senkung des Lagerbestandes durch Reduzierung des Bestellpunktes geht sowohl mit einer Erhöhung der Bestellhäufigkeit als auch mit einer Minderung der Verfügbarkeit einher. Dagegen führt eine Erhöhung des Lieferbereitschaftsgrades durch Anhebung des Bestellpunktes nicht zu einer Veränderung der Bestellhäufigkeit, wenn auch der Maximalbestand so verändert wird, daß die Mindestbestellmenge konstant bleibt. Dann ist die Änderung des Lagerbestandes allein auf die Anhebung des Bestellpunktes zurückzuführen.

Wenn man die Auswirkungen von Veränderungen des Maximalbestandes S auf die drei Zielkriterien analysiert, fällt auf, daß dieser Dispositionsparameter stets in Verbindung mit dem Bestellpunkt s in Form der Mindestbestellmenge D in die Funktionen eingeht. So stellt sich der Erwartungswert der Bestellhäufigkeit bei gegebenem Nachfrageverlauf als alleinige Funktion der Mindestbestellmenge dar.

In der Darstellung des mittleren Lagerbestandes treten beide Einflußgrößen auf. Jedoch kann der mittlere Lagerbestand gedanklich in zwei Komponenten - einen Grundbestand und einen Sicherheitsbestand - aufgespalten werden, die jeweils nur von einem Dispositionsparameter abhängen.

$$E(LB) = \frac{E(Q)}{2} + s - \lambda\mu - E(Z)$$

$$\text{Grundbestand} = \frac{E(Q)}{2}$$

$$\text{Sicherheitsbestand} = s - \lambda\mu - E(Z)$$

Der Grundbestand bezeichnet denjenigen mengenmäßigen Teil des mittleren Lagerbestandes, der sich direkt aus der mittleren Bestellmenge ergibt und somit bei gegebenem Nachfrageprozeß allein von der Mindestbestellmenge abhängt. Er wird dadurch hervorgerufen, daß der Lagerabgang in relativ kleinen Mengen erfolgt, während der Lagerzugang jeweils große Auffüllmengen umfaßt.

Der Sicherheitsbestand gibt an, um wieviel der mittlere Lagerbestand zum Zeitpunkt der Bestellauslösung den Erwartungswert der Nachfrage bis zum Eintreffen der Auffüllbestellung übersteigt. Ihm kommt die Aufgabe zu, Nachfrageschwankungen in der Wiederbeschaffungszeit auszugleichen. Bei gegebenem Nachfrageverlauf ergibt sich der Sicherheitsbestand damit als alleinige Funktion des Bestellpunktes.

Die Integralgleichung zur Bestimmung des Servicegrades enthält zwar ebenfalls beide Dispositionsparameter, kann jedoch analytisch nicht in zwei separate Funktionsausdrücke aufgespalten werden, die als Variable jeweils nur einen der beiden Parameter enthalten. Allerdings ergibt sich für hohe Servicegradniveaus nur eine geringe Abhängigkeit der Verfügbarkeitskennzahl von Variationen der Mindestbestellmenge. Damit wird bei gegebenem Nachfrageverlauf der erreichte Servicegrad maßgeblich vom Bestellpunkt beeinflußt, der auch den Sicherheitsbestand determiniert.

Mit diesen Überlegungen können die drei Unterziele der Ersatzteillagerhaltung in vier Komponenten aufgespalten werden, die dann primär entweder von der Mindestbestellmenge oder vom Bestellpunkt beeinflußt werden.

Mindestbestellmenge: Bestellhäufigkeit - Grundbestand

Bestellpunkt: Servicegrad - Sicherheitsbestand

Die Zielkomponenten, die von derselben Bestimmungsgröße beeinflußt werden, weisen dabei eine starke Konkurrenzbeziehung auf. Je geringer die Bestellhäufigkeit ist, um so höher wird bei gegebenem Nachfrageprozeß der durchschnittliche Grundbestand des Lagers ausfallen. Je größer der angestrebte Lieferbereitschaftsgrad gewählt wird, um so höher muß der durchschnittliche Sicher-

heitsbestand sein. Diese aus den originären Zielbe-
ziehungen abgeleiteten Zusammenhänge werden als primäre
Zielkonflikte bezeichnet.

Mit dieser Bezeichnungsweise soll zum Ausdruck gebracht
werden, daß in einem Bestellpunkt-Bestellgrenzen-Dispo-
sitionssystem die Verfügbarkeit im wesentlichen durch
den Bestellpunkt determiniert ist, und daß sich dadurch
zugleich ein Mindestlagerbestand (Sicherheitsbestand)
ergibt. Der über den Sicherheitsbestand hinausgehende
Teil des mittleren Lagerbestandes steht dagegen zunächst mit der Bestellhäufigkeit in einer partiellen
Substitutionsbeziehung.

Neben diesen primären Zielkonflikten bestehen auch
Interdependenzen zwischen der Höhe des Grundbestandes
(und damit der Mindestbestellmenge) und dem zur Einhaltung eines gegebenen Servicegrades notwendigen Sicherheitsbestand; denn während der Sicherheitsbestand Nachfrageschwankungen in der Wiederauffüllzeit auffangen
soll, wird durch die Mindestbestellmenge die Höhe des
Gesamtbedarfs pro Bestellzyklus, der zur Berechnung des
ß-Servicegrades herangezogen wird, beeinflußt. Diese
Zusammenhänge kommen in dem Auftreten der Mindestbestellmenge in der Bestimmungsgleichung für den Bestellpunkt und damit für den Sicherheitsbestand zum Ausdruck. Bei der Anwendung der Integralgleichung zur
Berechnung des zur Sicherung eines vorgegebenen Servicegrades notwendigen Bestellpunktes zeigt sich allerdings, daß Variationen der Mindestbestellmenge nur
minimale Änderungen des Bestellpunktes bewirken. Wegen
dieser geringen Abhängigkeit von Mindestbestellmenge
und Bestellpunkt erhalten die Interdependenzen zwischen
der Höhe des Grundbestandes und des Sicherheitsbestand
aus quantitativer Sicht eine sekundäre Bedeutung.

Mit dieser Bezeichnung kommt zum Ausdruck, daß eine die
Interdependenz zwischen den Zielkonflikten vernachläs-
sigende Vorgehensweise zur Festlegung von Servicegrad
und Mindestbestellmenge nur geringe in der Praxis uner-
hebliche Fehler hervorruft.

In einer sequentiellen Vorgehensweise wird daher zuerst
aus dem Zielkonflikt zwischen Bestellhäufigkeit und
Grundbestand eine vozugebende Mindestbestellmenge
bestimmt. Die Präferenzvorstellungen bezüglich des
Zielkonfliktes zwischen Servicegrad und Sicherheitsbestand werden dann zur Festlegung eines anzustrebenden
Servicegradniveaus herangezogen. In den folgenden
beiden Abschnitten wird die Ermittlung der Führungsgrößen ausführlich beschrieben.

5.2.4.2 Festlegung der Mindestbestellmenge

Wie im vorherigen Abschnitt ausführlich dargestellt
wurde, soll bei der Festlegung der Mindestbestellmenge
der Zielkonflikt zwischen Grundbestand und Bestellhäufigkeit zugrundegelegt werden. Mit der Herauslösung des
Grundbestandes als eigenständiges Entscheidungskrite-
rium weist die hier betrachtete Teilproblemstellung
starke Parallelen zur Losgrößenbestimmung in deterministischen Lagerprozessen auf. Für diesen Spezialfall
liefert bei Anwendung eines Kostenminimierungskonzeptes
die klassische Losgrößenformel ein Berechnungskalkül
zur Bestimmung der optimalen Bestellmenge. Da sich die
Ermittlung von korrekten entscheidungsrelevanten Kostensätzen in der Praxis häufig als undurchführbar

erweist, kann die klassische Losgrößenformel nicht
unmittelbar zur Festlegung der Mindestbestellmenge
herangezogen werden. Daher wird im folgenden eine Vorgehensweise entwickelt, die sich an den Bestimmungs-
kriterien dieser Formel orientiert, anstelle der benötigten Kosteninformationen jedoch Hilfsgrößen verwendet.

Unter Praktikabilitätsgesichtspunkten erscheint es zunächst nicht sinnvoll, die Hilfsgrößen für jede Ersatzteilposition individuell festzulegen. Vielmehr werden
die Ersatzteile zu Klassen zusammengefaßt, die hinsichtlich der Bestimmungsgrößen für die Bestellmengen-
festlegung vergleichbare Wertekonstellationen annehmen,
und dann für diese Klassen Berechnungskalküle formuliert. In einem ersten Schritt werden daher die Koeffizienten der klassischen Losgrößenformel näher analysiert, um so zu einem Ansatz für eine problemadäquate
Klassifizierung zu gelangen.

$$E(Q) = \sqrt{\frac{2 \cdot \mu \cdot k_{fb}}{p \cdot k_{vl}}}$$

k_{fb}: entscheidungsrelevanter bestellfixer Kostensatz
k_{vl}: entscheidungsrelevanter variabler Lagerkostensatz
p: Wert des Ersatzteils
μ: Periodennachfrage

Die klassische Losgrößenformel enthält neben den Lage-
rungs- und Beschaffungskostensätzen die mittlere Nachfrage sowie den Wert der Ersatzteile als Parameter. Der
zukünftig zu erwartende Bedarf pro Ersatzteil wird
durch die weiter oben beschriebenen Prognoseansätze
ermittelt, und der Wert der Ersatzteile kann der
betrieblichen Kostenrechnung entnommen werden. Bei der
Analyse der Entscheidungsrelvanz der Lagerkosten in
Kapitel 4 ergaben sich folgende Erkenntnisse. Die entscheidungsrelevanten Lagerungskostensätze können als
unabhängig vom einzelnen Ersatzteil betrachtet und für

alle Ersatzteilpositionen die Gleicheit der Kostensätze
unterstellt werden. Die Beschaffungskostensätze jedoch
werden ersatzteilspezifisch unterschiedliche Werte annehmen. Da sich nur die bestellfixen Kosten als entscheidungsrelevant erwiesen haben, kann unterstellt
werden, daß anhand der Unterschiede bei der Bestellab-
wicklung eine Einteilung der Ersatzteile in Gruppen
durchgeführt werden kann, für die dann einheitliche
Beschaffungskostensätze zugrundezulegen wären.

Innerhalb der einzelnen Klassen weisen also alle Ersatzteile einen annähernd gleichen (unbekannten) Quotienten aus Lagerungs- und Beschaffungskosten auf.
Entsprechend den Bestimmungsgrößen der klassischen
Losgrößenformel ergibt sich die mittlere Bestellmenge
dann artikelspezifisch als Funktion der Nachfrage und
des Wertes multipliziert mit einem klassenspezifischen
Parameter c_k. Das Problem der Festlegung der Bestellmengen für die Gesamtheit der Ersatzteilpositionen hat
sich demzufolge reduziert auf die Vorgabe der Parameterwerte c_k für die einzelnen Klassen. Die Festlegung
dieser Parameter erfolgt unter Einbeziehung klassen-
übergreifender Kriterien.

$$E(Q) = \sqrt{\frac{2 \cdot k_{fb}}{k_{vl}}} \cdot \sqrt{\frac{\mu}{p}} = c_k \cdot \sqrt{\frac{\mu}{p}}$$

Aufgrund der funktionalen Abhängigkeiten können für
alternative Parameterwerte die sich ergebenden Bestell-
häufigkeit-Grundbestand-Relationen ermittelt werden.
Durch lineare oder gruppenbezogene Variation der Parameterwerte wird die Inanspruchnahme der Handling- und
Lagerkapazität der einzelnen Artikel so aufeinander
abgestimmt, daß diese gesamtlagerbezogenen Kapazitätsrestriktionen eingehalten werden.

Ausgehend von den quantitativen Beziehungen sind dann die Parameterwerte so zu ermitteln, daß ein zufriedenstellender Kompromiß zwischen dem Streben nach geringer Bestellhäufigkeit und geringem Grundbestand erreicht wird.

Um im Lagerprozeß für jede Ersatzteilposition eine angestrebte mittlere Bestellmenge E(Q) zu erzielen, ist bei der Bestimmung der Mindestbestellmenge D der Erwartungswert der Unterschreitung des Bestellpunktes E(Z) zu berücksichtigen. Die vorzugebende Mindestbestellmenge ergibt sich daher zu:

$$D = S - s = E(Q) - E(Z) \ .$$

Gegebenenfalls ist die so ermittelte Mindestbestellmenge weiteren Plausibilitätsprüfungen zu unterziehen und entsprechend anzupassen. So können etwa fertigungstechnische Bedingungen der Ersatzteilproduktion eine bestimmte Mindestlosgröße notwendig erscheinen lassen.

Das hier beschriebene Vorgehen weist gegenüber anderen Verfahrensweisen mittels Bevorratungs- und Eindeckzeitvorgaben den Vorteil auf, daß bei der Festlegung der Mindestbestellmenge neben dem Wert der Teile auch gesamtlagerbezogene oder ersatzteilspezifische Restriktionen Berücksichtigung finden.

5.2.4.3 Festlegung des Servicegrades

Im Anschluß an die Festlegung der Mindestbestellmenge wird anhand des primären Zielkonfliktes zwischen Sicherheitsbestand und Servicegrad die zweite Führungsgröße des adaptiven Regelkreises bestimmt. Mit dem vorgestellten Modell ist die Möglichkeit geschaffen worden, das qualitative Phänomen der überproportionalen Steigerung des Lagerbestandes bei Anhebung des Servicegradniveaus quantitativ zu erfassen und zur Grundlage dieser Dispositionsentscheidung zu machen. Für unterschiedliche Führungsgrößenvorgaben können die erwarteten mittleren Sicherheitsbestände für einzelne Artikel oder die Gesamtheit der Ersatzteilpositionen berechnet werden.

Die Festlegung des Servicegrades könnte daher zum einen unabhängig vom einzelnen Ersatzteil global für das gesamte Ersatzteilsortiment durchgeführt und alle Ersatzteile mit der gleichen Servicegradvorgabe bewirtschaftet werden. Das wäre zum Beispiel dann sinnvoll, wenn die Servicegrad-Sicherheitsbestand-Relation unabhängig von der Art des Ersatzteils und der Gesamtnachfrage gleich zu beurteilen ist oder, wenn die Erfolgswirkungen, die von der Verfügbarkeit ausgehen, nur von der mittleren Lieferbereitschaft des gesamten Sortiments beeinflußt werden. Bei der Darstellung der Fehlmengenkosten wurde jedoch deutlich, daß in Abhängigkeit von der Funktionsnotwendigkeit oder dem Wert der Teile diese Relation unterschiedlich beurteilt werden muß.

Im anderen Extremfall könnte die Servicegradvorgabe explizit für jede Ersatzteilposition individuell ermittelt werden. Diese Vorgehensweise ist unter Praktikabilitätsgesichtspunkten allerdings als unzweckmäßig einzustufen.

Ähnlich wie bei der Festlegung der Mindestbestellmenge
löst man das Determinationsproblem daher durch eine
selektive Vorgehensweise. Dazu werden die Ersatzteile
zu Gruppen zusammengefaßt und für alle Teile einer
Gruppe eine einheitliche Servicegradvorgabe festgelegt.
Diese differenzierende Verfahrensweise setzt voraus,
daß die Ersatzteile in problemadäquater Weise klassifiziert werden können.

Originärer Ansatzpunkt für die Klassenbildung ist die
Auswirkung der Verfügbarkeit auf den Unternehmenserfolg. Als zentrales Problem Ersatzteilbewirtschaftung
ergibt sich jedoch gerade, daß diese Wirkungen nicht
hinreichend genau zu quantifizieren sind. Daher hat
sich die Klassenbildung an Hilfskriterien auszurichten.

Die in der Praxis am häufigsten angewandte Methode zur
Klassifizierung von Artikeln ist die Gruppierung nach
dem Umsatzanteil. Dieser Vorgehensweise liegt die Er-
kenntnis zugrunde, daß häufig der größte Teil des
Gesamtumsatzes mit einer relativ geringen Anzahl von
Produkten erzielt wird. Den Hauptumsatzträgern wird
dann insbesondere bei der Disposition mehr Beachtung
geschenkt. Dazu ordnet man die Artikel entsprechend
ihres Umsatzes in drei oder mehr Klassen und bezeichnet
diese mit A,B,C usw. Man spricht deshalb auch von ABC-
Analyse.

Mit steigendem Umsatzanteil sind diesen Klassen dann
höhere Servicegradvorgaben zuzuordnen. Begründet sich
die Zugehörigkeit eines Ersatzteils zur Klasse mit der
höchsten Servicegradvorgabe in seinem Absatzvolumen, so
ist eine hohe Verfügbarkeit sinnvoll, da die Nachfrager
für häufig benötigte Ersatzteile eine hohe Liefer-
sicherheit erwarten. Ersatzteile, die aufgrund ihres

Wertes bei relativ geringer Nachfrage in der A-Klasse
vertreten sind, wird bei der Disposition wegen ihres
überproportionalen Anteils an der Kapitalbindung besondere Aufmerksamkeit zu schenken sein.

Die alleinige Ordnung der Artikel nach dem Umsatzanteil
erweist sich für die Festlegung der Servicegradvorgabe
von Ersatzteilen jedoch als nicht ausreichend. So
erhält zum Beispiel die Verfügbarkeit eines geringwer-
tigen elektronischen Ersatzteils in der Steuerung einer
Anlage, das sehr selten zu ersetzen ist, im Schadens-
fall eine hervorgehobene Bedeutung, wenn mit dem Schad-
haftwerden die ganze Anlage nicht genutzt werden kann.
Als weiteres wesentliches Kriterium muß daher die Funktionsnotwendigkeit berücksichtigt werden. Allerdings
kann dieses zusätzliche Merkmal nicht unabhängig vom
Beschaffungsverhalten des Verwenders betrachtet werden.
Die Dringlichkeit, mit der eine Nachfrage zu behandeln
ist, hängt neben der Funktionsnotwendigkeit des Ersatzteils davon ab, ob das Teil unmittelbar der Instandhaltung zugeführt wird oder ob der Instandhaltungsbetrieb
eigene Ersatzteilläger bewirtschaftet und die Nachfrage
in der Regel der Lagerergänzung dient.

Zur Berücksichtigung dieser zusätzlichen Beurteilungs-
gesichtspunkte wird vorgeschlagen, funktionsnotwendigen
Ersatzteilen, die in der Regel nicht beim Verwender
bzw. Instandhaltungsbetrieb gelagert werden und im
Rahmen von schadenbehebender Instandsetzung benötigt
werden, die Servicegradvorgabe der nächsthöheren Klas-
sifizierungsstufe zuzuordnen. Andererseits sind Stan-
dard- und Normteile, die auch kurzfristig von Dritten
bezogen werden können in die nächstniedrigere Gruppe
einzustufen.

Mit der gruppenbezogenen Festlegung der Servicegradvorgabe ist eine pragmatische Vorgehensweise geschildert
worden, die den Anforderungen der Praxis gerecht wird.
Die Einstufung der Ersatzteile in verschiedene Service-
gradklassen orientiert sich primär an den erwarteten
direkten Erlöswirkungen.

Die explizite Zuordnung von Lieferbereitschaftsvorgaben
für die einzelnen Klassen und damit die Festlegung des
allgemeinen Lieferserviceniveaus dagegen erfolgt auch
unter Einbeziehung von klassenübergreifenden Kriterien.
Bei der Festlegung der Servicegradvorgaben für die
unterschiedlichen Klassen von Ersatzteilen ist zunächst
die Einhaltung von gesamtlagerbezogenen Budget- und
Lagerraumrestriktionen zu gewährleisten. Aufgrund der
im Modell erfaßten funktionalen Abhängigkeiten können
für alternative Servicegradwerte die sich ergebenden
Sicherheitsbestände ermittelt werden. Durch lineare
oder gruppenbezogene Variation der klassenspezifischen
Servicegradvorgaben werden die Sicherheitsbestände so
aufeinander abgestimmt, daß die Kapazitätsrestriktionen
von der Gesamtheit der Ersatzteile eingehalten werden.

Ausgehend von den quantitativen Beziehungen ist dann
aus den Servicegrad-Sicherheitsbestand-Relationen diejenige Kombination auszuwählen, die einen zufriedenstellenden Kompromiß zwischen dem Streben nach hoher
Verfügbarkeit und möglichst niedrigem Lagerbestand
darstellt. Bei der Beurteilung des Servicegradniveaus
muß unter dem Gesichtspunkt der indirekten Erlöswirkungen insbesondere die Erwartungshaltung der Anwender
berücksichtigt werden. Ist Konkurrenz auf dem Anlagen-
markt vorhanden und orietieren sich die Anwender an dem
Lieferservice der Mitanbieter, so kann dadurch bereits
eine Mindestanforderung an das Verfügbarkeitsniveau der
eigenen Ersatzteilwirtschaft gegeben sein.

Als wesentliches Element des Steuerungsansatzes ist
herauszustellen, daß mittels Parametervariation Alter-
nativrechnungen als Planungsrechnungen möglich sind, so
daß eine vorausschauende Disposition der Ersatzteillagerbestände nach Unternehmenszielen durchführbar ist.

6 Simulation

In der vorliegenden Arbeit wurde ein Dispositionskonzept für zentrale Ersatzteilläger entwickelt und als stochastisches Modell beschrieben. Bei der expliziten Darstellung der funktionalen Beziehungen zwischen den einzelnen Elementen des Modells waren des öfteren Kompromisse zwischen den Anforderungen an Exaktheit und Praktikabilität zu schließen. Um implementierfähige Resultate zu erzielen, wurde deshalb an verschiedenen Stellen auf simplifizierende Heuristiken zurückgegriffen. An den entsprechenden Stellen in der Modellformulierung sind die zugrundegelegten Plausibilitätsüberlegungen ausführlich beschrieben worden. Voraussetzung einer jeden Approximation komplexer Ausdrücke durch analytisch einfachere Funktionen bildet neben einer stichhaltigen Begründung die Überprüfung anhand empirischer Ergebnisse. Im Anschluß an die Modellbildungsphase wurden daher die vorgestellten Heuristiken in einer auf empirischen Daten basierenden Simulationsstudie einer Validierung unterzogen.

6.1 Simulation in der Lagerhaltung

Der Begriff Simulation wird in einer Vielzahl unterschiedlicher Bedeutungen verwendet, in denen jedoch immer die Vorstellung einer möglichst wirklichkeitsgetreuen Nachahmung eines realen Geschehens eine große Rolle spielt. In dieser Studie wird die Simulation zur Analyse des entwickelten stochastischen Modells unter Zuhilfenahme einer EDV-Anlage genutzt. Die Simulation dient dazu, das Verhalten eines Lagerprozesses bei

Anwendung des entwickelten adaptiven Dispositionskonzeptes zu beobachten.

Die Überprüfung des Modells in der Realität weist gegenüber dem Simulationsverfahren zunächst den Nachteil
auf, daß eine lange Zeitspanne vergeht, bis statistisch
auswertbare Ergebnisse zur Verfügung stehen. Die erhaltenen Resultate sind dann lediglich auf einen speziellen Fall bezogen und können zudem von zufälligen Ereignissen im Betriebsgeschehen überlagert werden. Simulationsverfahren bieten die Möglichkeit, mittels Parametervariation und Sensitivitätsanalyse die stochastischen Beziehungszusammenhänge unter kontrollierten
Umweltbedingungen zu überprüfen.

Ein einfacher, aber nicht befriedigender Weg wird von
vielen Simulationsansätzen im Lagerhaltungsbereich
beschritten, die vollkommen auf die Einbeziehung empirischer Daten verzichten und die Simulation auf idealistischen Annahmen über die Prozeßabläufe basieren.
Dabei wird in der Regel die Nachfragezeitreihe durch
einen Zufallsprozeß mit einer vorgegebenen Wahrscheinlichkeitsverteilung erzeugt, danach die "unbekannte"
Nachfrageverteilung anhand der Bedarfszeitreihe durch
denselben Verteilungstyp approximiert und darauf aufbauend die Regelung des Lagerprozesses entsprechend den
Annahmen im Modellansatz simuliert. Bei einer solchen
Vorgehensweise treten weder Probleme hinsichtlich der
Auswahl adäquater Verteilungstypen zur Approximation,
noch hinsichtlich der Adaption von Mittelwertverschie-
bungen auf. Keine Aussagen lassen sich bei diesen
Ansätzen jedoch bezüglich der Robustheit, Stabilität
und Reagibilität des Regelungsansatzes bei Strukturbrüchen im Nachfrageverlauf sowie in statistischen Grenz-
bereichen mit wenig empirischem Datenmaterial gewinnen.

Gerade diese Charakteristika kennzeichnen allerdings die Lagerhaltungsproblematik im Ersatzteilbereich.

Aus diesem Grunde wurden der Simulationsstudie in dieser Arbeit bewußt empirische Nachfragedaten zugrundegelegt. Ziel der Simulation war es, die Funktionsfähigkeit des zweiten Reglers, insbesondere die Einhaltung des vorgegebenen Servicegrades, im Zusammenhang mit der adaptiven Anpassung und der Integration deterministischer Bedarfsanteile unter den Rahmenbedingungen sporadischer Nachfrage, geringen Gesamtbedarfs, langer Wiederbeschaffungszeiten und wenig Periodenwerten nachzuweisen. Die in der Simulation nachvollzogene Lagerhaltungssituation betraf somit den Grenzbereich, für den auf statistische Verfahren aufbauende analytische Regelungskonzepte noch anwendbar sind.

6.2 Durchführung der Simulation

Die Problemstellung, die in dieser Studie analysiert wird, trat bei einem Hersteller von Walzenladern als reales Problem auf und lieferte den eigentlichen Ansatzpunkt für derartige Betrachtungen. Daher bot sich nach Abschluß der Modellbildung die Möglichkeit, das entwickelte Dispositionskonzept mit realen Daten aus einem Zeitraum von zwei Jahren auf Funktionsfähigkeit zu überprüfen.

6.2.1 Datenbasis

Für die Simulation wurde eine Baureihe der Walzenlader
betrachtet, die sich weder in der Produkteinführungs-
noch in der Auslaufphase befand. Aus dem Ersatzteilsortiment für diese Baureihe wurden 10 Bauteile so ausgewählt, daß damit ein repräsentativer Querschnitt
durch das komplette Sortiment hinsichtlich der Kriterien Wert, Jahresbedarf, Bedarfsstruktur sowie deterministische Bedarfsanteile gegeben war (vgl. Tab. 6.1).

Zwar konnten die einzelnen Ersatzteilbedarfe der Vergangenheit für einen ausreichenden Simulationszeitraum
nicht rekonstruiert werden, jedoch waren die aus den
Nachfragen resultierenden Lagerabgangswerte des Zentrallagers für einen Zeitraum von zwei Jahren wochen-
weise erfaßt verfügbar. Als Beispiel für eine typische
Zeitreihe sei hier der Bedarfsverlauf für Ersatzteil 2
aufgeführt (vgl. Tab. 6.2).

Der Hersteller unterhält ein zentrales Teilelager, in
dem nicht nur Ersatzteile bevorratet, sondern auch die
Bauteile für die Anlagenfertigung zwischengelagert
werden. Die einzelnen Entnahmen konnten somit nach
Bedarfsursprung weiter in Produktionsbedarf und Ersatzteilbedarf differenziert werden. Diese Unterteilung
erhält dann Bedeutung, wenn der Produktionsbedarf über
Stücklistenauflösung aus dem Produktionsprogramm plan-
bar ist. Die Fertigung der Teile erfolgte am gleichen
Standort wie die Lagerung. Dementsprechend wurden die
Durchlaufzeitenvorgaben der Fertigung als Fristen für
die Wiederbeschaffung zugrundegelegt.

Ersatz-teil	Wert	Ferti-gungs-zeit	Gesamt-bedarf	Mittelwert	Varianz	Variations-Koeffi-zient
1	550,-	22	326	3.39	4.80	1.42
2	100,-	11	548	5.25	7.61	1.45
3	4250,-	23	81	.84	1.39	1.65
4	340,-	11	126	1.25	2.07	1.66
5	670,-	12	124	1.07	1.86	1.74
6	300,-	17	298	3.09	5.63	1.82
7	950,-	20	64	.76	1.61	2.12
8	310,-	11	173	1.89	4.30	2.28
9	120,-	8	280	3.08	7.28	2.36
10	3000,-	19	62	.51	1.22	2.39

Tab. 6.1: Kennzahlen der Ersatzteile für die Simulation
Spalte 1: Bezeichnung der Ersatzteile
Spalte 2: Wert in DM
Spalte 3: Fertigungszeit in Wochen
Spalte 4: Gesamtbedarf im Simulationszeitraum
Spalte 5: Mittelwert des Wochenbedarfs
Spalte 6: Varianz des Wochenbedarfs
Spalte 7: Variationskoeffizient des Bedarfs.

16	2	6	19	4	6	0	2	4	0
12	0	0	2	14	2	0	30	0	0
0	0	2	0	12	34	0	0	8	0
2	0	30	0	6	6	10	12	2	5
6	20	4	0	4	0	0	0	4	12
10	0	2	8	2	10	4	8	0	2
0	0	6	0	18	30	10	0	4	10
0	4	1	10	2	2	0	6	0	2
0	4	0	2	0	0	16	0	0	2
1	0	4	0	16	30	4	0	2	12

Tab. 6.2: Bedarfsverlauf für Ersatzteil 2. Zeilenweise
Auflistung der Lagerabgangswerte pro Woche.

6.2.2 Approximation der Nachfrageverteilung

Ziel der Simulation war es, die Funktionsweise des Dispositionskonzeptes unter realitätsnahen Bedingungen zu testen. Der Lagerprozeß wurde mit unterschiedlichen Parametern als sukzessive Folge der einzelnen Simulationsperioden nachvollzogen. Dabei wurde in jeder dieser Perioden nur die Information ausgewertet, die auch im natürlichen Zeitablauf bis zum entsprechenden Zeitpunkt zur Verfügung gestanden hätte. Nach diesem Grundsatz wurde auch darauf verzichtet, das Erweiterungsmodul "Zusatzinformation" in die Simulationsanalyse miteinzubeziehen. Zum einen war das tatsächliche Informationspotential im nachhinein nicht rekonstruierbar. Zum anderen ist eine solche Vorgehensweise unmittelbar dem Vorwurf ausgesetzt, daß bei Kenntnis der unterstellten Nachfragestruktur leicht entsprechende Korrekturmaßnahmen abgeleitet werden können.

Wie der Tabelle 6.1 zu entnehmen ist, sind alle Bedarfszeitreihen als sporadisch zu bezeichnen, da die Variationskoeffizienten Werte größer als 0.5 annahmen. Gemäß den Ausführungen des stochastischen Modells wurden für alle Ersatzteile die Wochenbedarfe als Ausprägungen einer Zufallsvariablen angesehen. Deren empirische Wahrscheinlichkeitsverteilung wurde durch eine mathematische Gammaverteilung approximiert, die mit der empirischen Verteilung hinsichtlich Mittelwert und Varianz übereinstimmt.

Als unmittelbare Folge der sukzessiven Vorgehensweise ergab sich das Problem der Schätzung von Mittelwert und Varianz zu Beginn des Simulationszeitraumes. Bei der Simulation wurde deshalb folgende Vorgehensweise angewandt. Von den 100 Perioden dienten die ersten 20 Perioden der Schätzung eines Ausgangswertes für Mittel-

wert und Varianz. In den verbleibenden 80 eigentlichen
Simulationsperioden wurden diese empirischen Kenngrößen
der Zeitreihe mittels exponentieller Glättung periodenweise fortgeschrieben. Der Glättungsparameter wurde
wegen der hohen Sporadität der Zeitreihen mit 0.01 sehr
niedrig angesetzt.[1] Anhand dieser empirischen Daten
wurden die Parameter der Verteilung des Wochenbedarfs
in jeder Simulationsperiode mit der Momentmethode neu
ermittelt.

In die Integralgleichung zur Berechnung des Bestellpunktes geht jedoch die Verteilung der Nachfrage in
einer Wiederbeschaffungszeit ein. Diese Verteilung
ergibt sich als Faltung der Gammaverteilung und ist
wieder eine Gammaverteilung, deren Parameter aus den
Parametern der Gammaverteilung der Wochenbedarfe berechnet wurden.[2]

6.2.3 Simulationsläufe

Nach der Ermittlung der Ausgangsgrößen für die Approximation der Nachfrageverteilung blieben von den 100
Perioden noch 80 für die Durchführung der Simulation
übrig. Mit Beginn der 21. Periode setzte die Simulation
des Lagerprozesses ein.

Für ein festgelegtes Servicegradanspruchsniveau und
eine vorgegebene Mindestbestellmenge wurden periodenweise die Dispositionsparameter s und S berechnet. Der
Bestellpunkt ergab sich als Lösung der Integralgleichung zur Sicherung des angestrebten Servicegradni-

---

1) Vgl. Abschnitt 5.2.3.4
2) Vgl. Abschnitt 5.2.3.3

veaus. Darauf aufbauend wurde der Maximalbestand S als
Summe von Bestellpunkt und Mindestbestellmenge ermittelt.

Zu Beginn der Simulation wurde das Lager auf Maximalbestand gesetzt. Dann wurde periodenweise der Lagerprozeß
mit den berechneten aktuellen Dispositionsparametern
und der vorgegebenen Nachfragezeitreihe simuliert. Sank
der Lagerbestand unter den Bestellpunkt, so wurde eine
Wiederauffüllbestellung in Höhe der Differenz zum zu
diesem Zeitpunkt gültigen Maximalbestand ausgelöst.

Die Durchführung der Simulationsstudie erfolgte auf der
Rechenanlage CYBER 175 der Ruhr-Universität Bochum.
Grundsätzlich ist jedoch ein PC ausreichend, um die
Simulation durchzuführen. Ausschlaggebend für die Ver-
wendung des Großrechners war das Vorhandensein bestimm-
ter Simulationsroutinen und Algorithmen.

Während das Nachvollziehen des Lagerprozesses keine
programmtechnischen Probleme bereitet, gestaltet sich
die Ermittlung des Bestellpunktes weitaus diffiziler.
Bevor der Bestellpunkt durch iterative Verfahren angenähert werden konnte, mußten zunächst die einzelnen
Terme der Integralgleichung numerisch bestimmt werden.

Als zentraler Bestandteil der Gammaverteilung tritt die
sogenannte Gammafunktion auf. Die Gammafunktion bezeichnet diejenige Funktion, die für positive ganzzahlige Argumente als Funktionswerte deren Fakultäten
annimmt. Sie ist durch die Vorgabe der Funktionswerte
für natürliche Zahlen eindeutig festgelegt und als
uneigentliches Integral (obere Integrationsgrenze un-
endlich) darstellbar.[1] Für alle nicht-ganzzahligen

---

1) Vgl. ABRAMOWITZ/STEGUN (1970, §6)

Werte aus dem reellen Zahlenbereich ist der Funktionswert durch eine entsprechende Reihenentwicklung herzuleiten.

Analog läßt sich der Wert des uneigentlichen Integrals in der Bestimmungsgleichung des Bestellpunktes ebenfalls nur approximativ bestimmen. Die dazu benötigten iterativen Algorithmen werden als Quadraturformeln bezeichnet und liegen in der mathematischen Literatur in ausreichender Zahl vor.[1] Die Lösung der Integralgleichung als Funktion der unteren Integrationsgrenze s wurde auf die iterative Bestimmung der Nullstelle einer reellwertigen Funktion zurückgeführt, für die ebenfalls eine Reihe von Methoden existiert.[2]

Die numerische Bestimmung der Werte erwies sich zwar wesentlich aufwendiger als bei der Normalverteilung, ist aber noch hinreichend handhabbar für praktische Anwendungen. Exakte numerische Vergleichsdaten bezüglich des Rechenaufwandes liegen nicht vor, da das Simulationsprogramm nicht unter dem Gesichtspunkt der Rechenzeitminimierung konzipiert wurde.

Die zur Erzielung einer hinreichend genauen Approximation des Bestellpunktes benötigten Iterationen werden in erster Linie vom Startpunkt der Iteration beeinflußt. Wählt man als Ausgangspunkt den Bestellpunkt der vorherigen Perioden, so ergeben sich drastische Einsparungen in der Rechenzeit.

Die Lösung der Integralgleichung war als Folge der stetigen Wahrscheinlichkeitsverteilung in der Regel nicht-ganzzahlig. Für die Simulation wurde als Bestellpunkt die nächstgelegene natürliche Zahl gewählt.

---

1) Vgl.BURGIN(1975, S. 520).
2) Vgl. HENRICI (1964).

6.2.4 Parametervariation

Das Ziel dieser Simulationsstudie bestand in der Validierung des Modellansatzes in seiner Gesamtheit. Dem wurde dadurch Rechnung getragen, daß nicht nur ein repräsentatives Teilespektrum ausgewählt, sondern zudem für jedes Ersatzteil Simulationsläufe mit unterschiedlichen Parameterkonstellationen durchgeführt wurden.

Um die Anwendbarkeit des Modells für ein breites Spektrum von Verfügbarkeitsanspruchsniveaus zu überprüfen, wurde eine Skala von unterschiedlichen Lieferbereitschaftsgraden vorgegeben. Für jedes Ersatzteil wurden jeweils 9 verschiedene Simulationsläufe mit Servicegradvorgaben von 97 % - 81 % durchgeführt.

Der zweite zentrale Parameter bei dieser Variation betraf mit der Mindestbestellmenge die andere Führungsgröße des adaptiven Regelkreises. Der Variationsbereich wurde dabei weitgehend aufgrund von fertigungstechnischen Rahmenbedingungen festgelegt. Das Bestreben der Fertigung ist darauf ausgerichtet, möglichst keinen neuen Fertigungsauftrag für ein Bauteil zu vergeben, wenn der vorhergegangene noch nicht abgeschlossen ist. Dieses pragmatische Unterziel der Fertigungssteuerung, das seinen Ursprung in der Kostendegression großer Losgrößen durch Einsparung von Rüst- und Transportzeiten hat, erwies sich als nahezu identisch mit der lagerungstheoretischen Forderung nach Nichtüberschneidung von Bestellzyklen. Dementsprechend wurde die untere Grenze für die Mindestbestellmenge so festgelegt, daß die mittlere Länge des zugehörigen Bestellzyklus die Wiederbeschaffungszeit übersteigt. Eine Obergrenze wurde ebenso pragmatisch aus der Bedingung abgeleitet, daß der Simulationszeitraum mehrere Bestellzyklen umfassen muß.

Bei der Festlegung der Mindestbestellmenge wirkten die zum Teil extrem langen Fertigungszeiten sehr einschränkend. Die Vorgaben der Fertigungssteuerung waren als Sollwerte bei normaler Produktionsauslastung zu interpretieren. Durch entsprechende organisatorische Maßnahmen im Produktionsbereich und insbesondere bei der Materialbereitstellung konnte eine Reduzierung dieser Fertigungszeiten als durchaus realisierbar angenommen werden. Aus diesem Grund wurden für verschieden Ersatzteile die Wiederbeschaffungszeiten in der Simulation ebenfalls variiert.

Das Adaptionsverhalten der Regelkreise bei Strukturverschiebungen im sporadischen Nachfrageprozeß wurde durch Variation des Glättungsparameters der exponentiellen Glättung ebenfalls einer näheren Untersuchung unterzogen.

Als ein wesentliches Erweiterungsmodul des Modells wurde neben der Einbeziehung von Zusatzinformationen die Integration deterministischer Bedarfsanteile in Form einer Verfügbarkeitsrechnung vorgestellt. Wie anfangs erwähnt, diente das zentrale Teilelager dem Unternehmen gleichermaßen zur Deckung des Ersatzteilbedarfs und des Produktionsbedarfs. In beiden Bereichen traten sowohl stochastische als auch deterministische Bedarfsanteile auf.

Zwar ist der Bedarf an Bauteilen für die Produktion prinzipiell über eine Stücklistenauflösung aus dem Fertigungsprogramm der Walzenlader ableitbar. Aufgrund der langen Fertigungszeiten für die Teile und der relativ kurzen Lieferfrist für die Maschinen kann zum Zeitpunkt des endgültigen Auftragsabschlusses der Fertigungsprozeß nicht vollständig deterministisch geplant werden. In der Simulation wurden für diesen Bedarfsanteil beide extremen Varianten - rein stochastischer und rein deterministischer Bedarf - durchgerechnet und die Ergebnisse miteinander verglichen.

6.3 Analyse der Simulationsergebnisse

Im Rahmen der Simulationsstudie wurden für alle 10 Ersatzteile Simulationsläufe mit unterschiedlichen Parameterkonstellationen durchgeführt. Als Ergebnis eines jeden speziellen Simulationslaufes ergab sich ein Protokoll des Lagerprozesses, in dem neben der Entwicklung des Lagerbestandes weitere Lagerkennziffern periodenweise aufgeführt sind (vgl. Tab. 6.3). Anhand dieser ausführlichen Darstellung ließen sich einige interessante Erkenntnisse über das dynamische Verhalten des Regelungskonzeptes gewinnen.

6.3.1 Adaptionsverhalten des Regelkreises

Von besonderem Interesse erwiesen sich zunächst die Auswirkungen der Fortschreibung von Mittelwert und Varianz mit der exponentiellen Glättung. Bei stark sporadischer Nachfrage, die sich in Form großer Variationskoeffizienten äußert, nehmen die einzelnen Periodenbedarfe stark unterschiedliche Werte an. Ersatzteile mit niedrigem Gesamtbedarf zeichnen sich zusätzlich durch einen vermehrten Anteil von Perioden ohne Nachfrage aus. Aufgrund von Stabilitätsüberlegungen wurde daher ein extrem niedriger Glättungsparameter verwendet.

Simulationsergebnis für Ersatzteil 9

Parameterkonstellation für den Simulationslauf
Glättungsparameter: 0.01
Mindestbestellmenge: 50 Stück
Wiederbeschaffungszeit: 8 Wochen
Servicegradvorgabe: 97 %

PER	PHYS	DIS	BED	BPKT	SG	LAG	MY	SIG
21	73	66	7	23	1.00	37.31	3.05	11.60
22	66	66	0	22	1.00	39.00	2.86	11.42
23	66	56	10	25	1.00	40.50	3.27	13.64
24	56	56	0	24	1.00	41.32	3.09	13.44
25	56	55	1	24	1.00	42.05	2.98	12.93
26	55	55	0	23	1.00	42.67	2.83	12.70
27	55	55	0	22	1.00	43.23	2.70	12.45
28	55	45	10	25	1.00	43.74	3.04	14.32
29	45	45	0	24	1.00	43.79	2.90	14.07
30	45	44	1	23	1.00	43.84	2.82	13.59
31	44	44	0	23	1.00	34.85	2.70	13.33
32	44	44	0	22	1.00	34.85	2.59	13.06
33	44	43	1	22	1.00	34.86	2.53	12.63
34	43	42	1	21	1.00	43.83	2.47	12.22
35	42	42	0	21	1.00	43.77	2.37	11.98
36	42	42	0	20	1.00	43.71	2.29	11.73
37	42	40	2	20	1.00	43.66	2.28	11.31
38	40	38	2	20	1.00	43.55	2.27	10.91
39	38	36	2	19	1.00	43.38	2.26	10.54
40	36	31	5	20	1.00	43.17	2.35	10.43
41	31	31	0	19	1.00	42.83	2.27	10.26
42	31	28	3	19	1.00	42.51	2.30	9.95
43	28	28	0	19	1.00	42.13	2.23	9.80
44	28	28	0	19	1.00	41.77	2.16	9.64
45	28	28	0	18	1.00	41.43	2.10	9.49
46	28	28	0	18	1.00	41.10	2.03	9.34
47	28	25	3	18	1.00	40.79	2.06	9.09
48	25	24	1	18	1.00	40.42	2.03	8.86
49	24	23	1	17	1.00	40.05	2.00	8.64
50	23	23	0	17	1.00	39.67	1.95	8.51
51	22	23	0	17	1.00	39.30	1.90	8.38
52	23	23	0	16	1.00	38.96	1.85	8.26
53	23	19	4	17	1.00	38.63	1.90	8.16
54	19	17	2	16	1.00	38.22	1.99	7.95
55	17	15	2	16	1.00	37.80	1.91	7.75
56	15	66	0	16	1.00	37.35	1.86	7.64
57	15	66	0	16	1.00	36.92	1.82	7.54
58	15	66	0	16	1.00	36.51	1.77	7.44
59	15	66	0	15	1.00	36.11	1.73	7.33
60	15	66	0	15	1.00	35.73	1.69	7.23

PER	PHYS	DIS	BED	BPKT	SG	LAG	MY	SIG
61	15	66	0	15	1.00	35.36	1.65	7.13
62	15	64	2	15	1.00	35.00	1.66	6.96
63	13	62	2	15	1.00	34.62	1.67	6.81
64	62	62	0	15	1.00	35.08	1.63	6.72
65	62	62	0	14	1.00	35.53	1.60	6.63
66	62	62	0	14	1.00	35.97	1.56	6.54
67	62	50	12	17	1.00	36.39	1.78	8.71
68	50	36	14	20	1.00	36.60	2.04	11.65
69	36	33	3	19	1.00	36.59	2.06	11.43
70	33	31	2	19	1.00	36.54	2.06	11.19
71	31	6	25	27	1.00	36.45	2.53	21.64
72	6	66	3	27	1.00	36.00	2.54	21.21
73	3	63	3	27	1.00	35.51	2.55	20.78
74	0	63	0	26	1.00	35.00	2.50	20.49
75	0	60	3	26	0.98	34.50	2.51	20.09
76	-3	58	2	26	0.97	34.01	2.50	19.70
77	-5	58	0	26	0.97	33.54	2.45	19.44
78	-5	55	3	26	0.95	33.08	2.46	19.07
79	-8	44	11	26	0.96	32.64	2.62	20.08
80	44	43	1	26	0.96	32.79	2.59	19.75
81	43	42	1	26	0.96	32.92	2.56	19.43
82	42	38	4	26	0.96	33.04	2.59	19.10
83	38	38	0	26	0.96	33.10	2.54	18.87
84	38	33	5	26	0.96	33.16	2.58	18.64
85	33	32	1	25	0.96	33.16	2.56	18.35
86	32	30	2	25	0.96	33.15	2.55	18.02
87	30	30	0	25	0.96	33.11	2.50	17.82
88	30	21	9	25	0.96	33.07	2.61	18.24
89	21	75	0	25	0.96	32.93	2.57	18.04
90	21	75	0	25	0.96	32.79	2.52	17.84
91	21	73	2	25	0.96	32.65	2.52	17.53
92	19	73	0	24	0.96	32.49	2.47	17.34
93	19	73	0	24	0.96	32.34	2.43	17.15
94	19	73	0	24	0.96	32.19	2.39	16.96
95	19	72	1	24	0.96	32.04	2.37	16.70
96	18	72	0	24	0.96	31.89	2.33	16.52
97	72	72	0	23	0.96	32.33	2.29	16.33
98	72	20	52	46	0.97	32.75	3.10	56.29
99	20	67	6	46	0.97	32.62	3.15	55.50
100	14	66	1	45	0.97	32.42	3.12	54.68

Tab. 6.3 Lagerkennziffern der 80 Simulationsperioden
für Ersatzteil 9

PER	Simulationsperiode
PHYS	physischer Lagerbestand
DIS	disponibler Lagerbestand
BED	Periodenbedarf
BPKT	Bestellpunkt
SG	Servicegrad
LAG	mittlerer Lagerbestand
MY	Mittelwert der Nachfrage
SIG	Varianz der Nachfrage

Diese Parameterfestsetzung hatte eine relative Konstanz
in der Schätzung der empirischen Verteilungskoeffi-
zienten zur Folge. Größere Werte für den Glättungsparameter bewirkten starke Schwankungen in den Schätzwerten und führten tendenziell zu einer Unterschätzung
des Mittelwertes (vgl. Abb. 6.1).

Diese Unterschätzung resultiert unmittelbar aus dem
hohen Anteil der Perioden ohne Nachfrage. Folgen
mehrere Nullperioden aufeinander, so verringert sich
der Schätzwert mit steigendem Glättungsparameter über-
proportional. Da Perioden ohne Nachfrage für sporadischen Ersatzteilbedarf nicht als Ausdruck eines Nach-
fragerückganges, sondern der Unregelmäßigkeit der Nachfrage gewertet werden müssen, erwies sich der niedrigere Parameter als angebracht.

Die exponentielle Glättung empirischer Nachfragekenn-
ziffern zeigte sich als Folge des niedrigen Glättungsparameters trotz der vielen Perioden mit geringer Nachfrage als hinreichend stabil. Diese Stabilität schlägt
sich unmittelbar in einem sich sehr langsam ändernden
Bestellpunkt nieder.

Aus diesem Grunde wurde untersucht, welchen Einfluß
diese stabilisierende Wirkung auf den Lagerprozeß aus
übt, wenn Strukturbrüche in der Nachfrageentwicklung
vorhanden sind. Solche Strukturbrüche treten etwa als
plötzliche Verschiebungen im Mittelwertniveau in Er-
scheinung. Aus Tabelle 6.3 läßt sich auch die Reak-
tion des Lagerprozesses auf außergewöhnliche Veränderungen in der Nachfragestruktur veranschaulichen. Ab
der 66. Simulationsperiode tritt eine Nachfrageballung
innerhalb von 5 Perioden auf, die als Strukturbruch zu

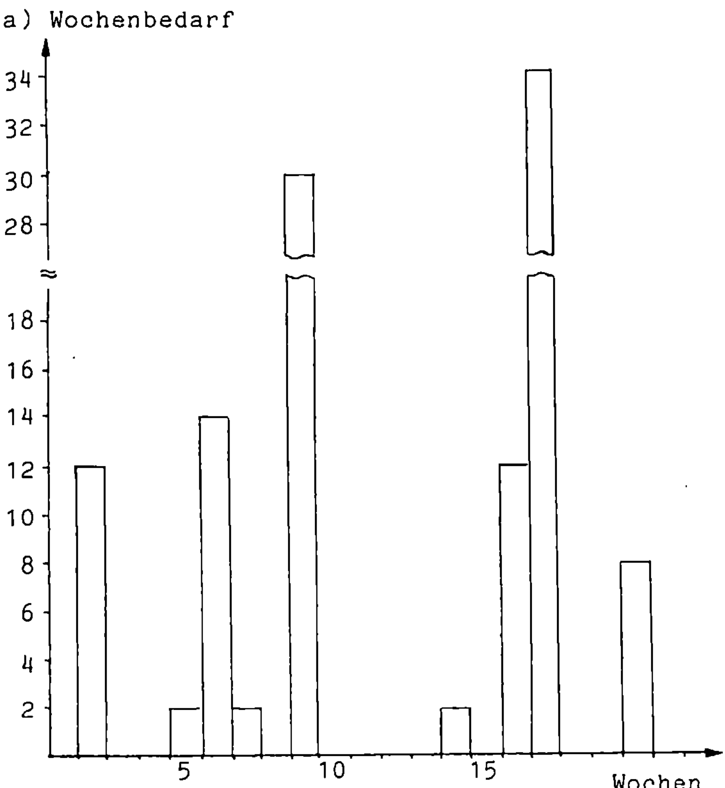

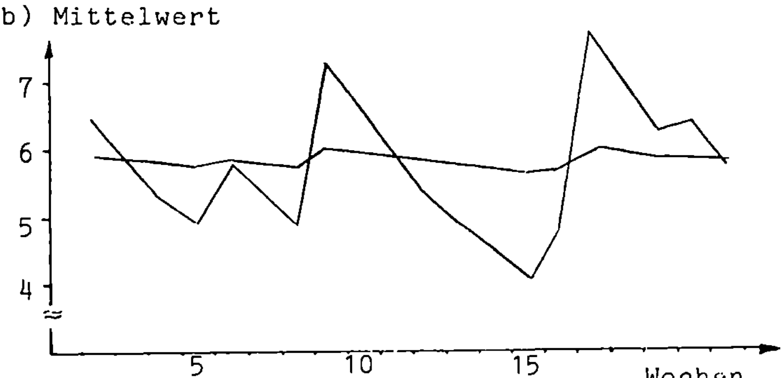

Abb. 6.1: Nachfrageverlauf für Ersatzteil 6 (a) und
Entwicklung des exponentiell gegätteten Mit-
telwertes (b) für verschiedene Werte des
Glättungsparameters.

interpretieren ist. Während der Glättungswert für den
Mittelwert dieser Entwicklung recht langsam folgt,
schlägt das plötzlich veränderte Niveau der Nachfrage
bei der Varianzprognose deutlich stärker durch. Die
resultierenden starken Veränderungen des Bestellpunktes
sind also auf die Varianzverschiebung zurückzuführen.
Ausschlagebend für derartige quantitative Auswirkungen
ist der quadratische Faktor im Integral der Bestimmungsgleichung, der eine stärkere Berücksichtigung der
Varianz bewirkt. Damit wird der Nachteil geringer Reagibilität des Mittelwertes bei Strukturbrüchen durch
die funktionalen Zusammenhänge des adaptiven Reglers
wieder kompensiert.

Diese Erkenntnisse hinsichtlich des adaptiven Verhal-
tens lassen sich unmittelbar zur Überwachung der Lagerdisposition verwenden. In der Simulation wurde in jeder
Periode der Bestellpunkt aufgrund der aktuellen Schätzwerte für Mittelwert und Varianz neu berechnet. Bei der
praktischen Anwendung dieses Dispositionskonzeptes für
Ersatzteilläger mit mehreren tausend Positionen werden
dann aufgrund der Berechnungsroutinen erhebliche Rech-
nerkapazitäten gebunden. Der langsame Adaptionsprozeß
schlägt sich jedoch in einer geringen Reagibilität des
Bestellpunktes nieder, so daß dessen Überprüfung durchaus in längeren Zeitabständen erfolgen könnte. Sofor-
tige Anpassungen sind nur dann vorzunehmen, wenn bei
der periodenweisen Fortschreibung der Zeitreihenkoeffi-
zienten starke Veränderungen bei der Varianz auftreten.

6.3.2 Zeitreihe der Lagerkennziffern

Entsprechend den bei der Modellbildung formulierten
Überlegungen wurde zur Messung der Verfügbarkeit eine
β-Lieferbereitschaft verwendet: Der aktuelle Service-
gradwert ergibt sich als Verhältnis von sofort befrie-
digter Nachfrage zur Gesamtnachfrage. Bis zum Auftreten
der ersten Fehlmenge beträgt der Servicegrad 100 %.
Kann eine Nachfrage nicht befriedigt werden, sinkt der
Servicegrad, während jede erfüllte Nachfrage sich als
Steigerung des Wertes niederschlägt. Damit stellt der
Servicegrad eine treppenförmige Funktion des Nachfrage-
und Lagerprozesses dar, die grundsätzlich einen oszil-
lierenden Verlauf aufweist. Die zyklische Bewegung ist
dabei mit dem Bestellzyklus des Lagerprozesses korre-
liert, da Fehlmengen nur am Ende eines solchen Zeitab-
schnittes auftreten können.

Bei der Beurteilung der Zeitreihe der Servicegrade sind
allerdings die quantitativen Zusammenhänge zu beachten.
Die Auswirkungen einer nicht befriedigten Mengeneinheit
auf den Servicegrad werden vom Umfang des bis dahin
angefallenen Gesamtbedarfs bestimmt. Treten somit Fehlmengen gleich zu Beginn der Simulation auf, wird der
Servicegrad auf ein extrem niedriges Niveau fallen.
Mengenmäßig gleichgroße Fehlbestände am Ende des Simulationszeitraumes bewirken eine wesentlich geringere
Veränderung.

Somit können atypische Anfangswerte einiger Variablen
die Ergebnisse eines Simulationsexperimentes verfäl-
schen. Als kritischer Anfangswert trat hier der Lagerbestand auf. In der Simulation wurde das Lager zu
Anfang auf Maximalbestand gesetzt, damit Fehlmengen im
ersten Bestellzyklus keine zu großen Ausschläge des
Servicegrades zur Folge hatten.

Mit steigender Zahl von Simulationsperioden wird die
Amplitude der Servicegradfunktion geringer und die
Funktion pendelt sich auf das im Mittel realisierte
Niveau ein. Zur Beurteilung der Verfügbarkeit eines
Lagers ist also nicht die Entwicklung des Servicegrades
als Funktion der Zeit heranzuziehen, sondern lediglich
der zuletzt realisierte Wert ausschlaggebend (vgl. Abb.
6.2).

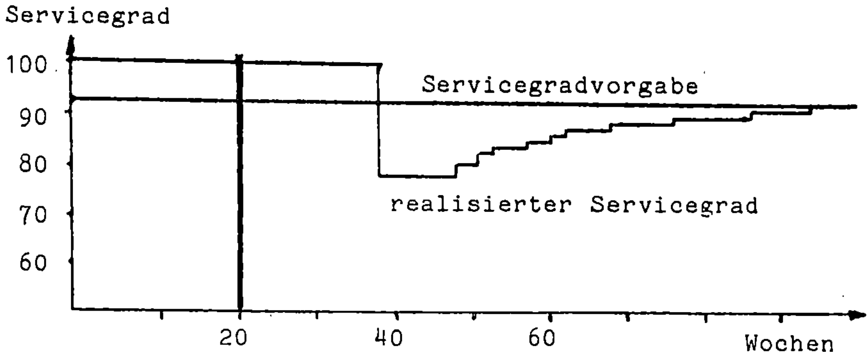

Abb. 6.2: Entwicklung des Servicegrades in der Zeit.

Analoge Überlegungen treffen auf die Entwicklung des
mittleren Lagerbestandes zu. Hier ist die zyklische
Entwicklung parallel zu den Bestellzyklen offensichtlich. Wegen des hohen Anfangswertes nimmt der mittlere
Lagerbestand zunächst sehr große Werte an, pendelt sich
gegen Ende der Simulation allerdings ebenfalls auf ein
mittleres Niveau ein.

Der Einfluß zufälliger Ereignisse auf die Simulationsergebnisse wird sowohl von der Simulationslänge als
auch von der Anzahl realisierter Bestellzyklen be-

stimmt. Mit steigender Wiederbeschaffungszeit und
großer Mindestbestellmenge verringert sich die Stabilität der Ergebnisse und die Reagibilität auf zufällige
Ereignisse nimmt zu. Trotz der langen Wiederbeschaffungszeiten und der nur 80 Simulationsperioden stabi-
lisierten sich die Ergebnisse zum Ende des Simulationszeitraumes.

Aus diesem Grund wurden für die weiteren Betrachtungen
die empirischen Werte der letzten Simulationsperiode
herangezogen. Zusätzlich zu den periodenweise ermittelten Werten wurden noch der mittlere Bestellumfang und
die mittlere Länge eines Bestellzyklusses errechnet.
Diese Werte stellten dann das eigentliche Simulations-
ergebnis dar:

SG-V	Servicegradvorgabe
BPKT	berechneter Bestellpunkt
SG-R	realisierter Servicegrad
LAG	mittlerer Lagerbestand
B-UMF	mittlerer Bestellumfang
BZYKL	mittlere Länge eines Bestellzyklusses

6.3.3 Auswertung der Lagerkennziffern

In Anbetracht der Vielzahl von Simulationsläufen mit
unterschiedlichen Parameterkonstellationen erscheint es
nicht angebracht, an dieser Stelle die Simulationsergebnisse für alle Ersatzteile zu diskutieren. Vielmehr
sollen anhand einiger typischer Beispiele die wesentlichen Erkenntnisse vorgestellt werden. Ein umfassender Überblick über die Simulationsergebnisse findet
sich im Anhang 2.

Für Ersatzteil 2 ergaben sich bei jeweils 9 unterschiedlichen Serviegradvorgaben und 3 alternativen Mindestbestellmengen 27 Simulationsläufe, deren Ergebnisse in Tabelle 6.4 dargestellt sind.

Die Validierung der im Modell unterstellten Annahmen hat sich zunächst daran zu orientieren, inwieweit die realisierten mit den prognostizierten Werten übereinstimmen. Das zentrale Interesse richtet sich dabei auf die Einhaltung des angestrebten Lieferbereitschaftsgradniveaus.

Trotz der langen Lieferfrist von fast einem Vierteljahr und der stark sporadischen Nachfrage ist im allgemeinen eine gute Übereinstimmung festzustellen. Die maximale Abweichung des realisierten vom vorgegebenen Servicegrad betrug 5 %.

An dieser Stelle sind noch einige Bemerkungen zur maximal erzielbaren Genauigkeit der Simulationsergebnisse anzufügen. Neben der Simulationsdauer und der Wiederbeschaffungszeit wird die Genauigkeit des Servicegrades von der zugrundegelegten Gesamtnachfrage beeinflußt.

Bei einer Gesamtnachfrage von 100 Einheiten in 2 Jahren bewirkt jede fehlende Menge eine Reduktion des Servicegrades um 1 %. Bei dem äußerst geringen Gesamtbedarf einiger Ersatzteile können also zufällige Nachfragen am Ende eines Bestellzyklusses große Abweichungen vom angestrebten Wert bewirken. Für Ersatzteil 10 mit einer Nachfrage von 62 Einheiten im Simulationszeitraum ergibt sich eine maximale Genauigkeit von 1.62 %.

Simulationsergebnisse Ersatzteil 2

Parameterkonstellation für die Simulationsläufe
Glättungsparameter: 0.01
Mindestbestellmenge: 60 / 80 / 100 Stück
Wiederbeschaffungszeit   11 Wochen

SG-V	BPKT	SG-R	LAG	B-UMF	BZYKL
0.97	82	1.00	75.55	69.86	13.33
0.95	72	0.99	64.59	70.00	13.33
0.93	66	0.97	57.08	69.86	13.33
0.91	61	0.93	55.35	68.57	13.33
0.89	56	0.90	50.29	64.14	13.33
0.87	53	0.88	46.23	68.71	13.33
0.85	50	0.85	42.91	68.86	13.33
0.83	47	0.80	31.33	70.14	13.33
0.81	44	0.78	29.03	70.29	13.33
0.97	81	1.00	77.32	89.40	20.00
0.95	72	1.00	67.36	89.40	20.00
0.93	65	0.98	60.30	89.60	20.00
0.91	60	0.95	54.99	89.60	20.00
0.89	56	0.91	50.55	89.80	20.00
0.87	52	0.87	47.06	90.00	20.00
0.85	49	0.84	44.32	90.00	20.00
0.83	46	0.81	41.69	90.20	20.00
0.81	43	0.78	39.39	90.40	20.00
0.97	81	0.99	87.21	119.50	26.67
0.95	71	0.96	77.13	119.75	26.67
0.93	64	0.96	73.78	120.00	26.67
0.91	59	0.94	68.64	120.00	26.67
0.89	55	0.92	64.62	120.25	26.67
0.87	51	0.91	60.69	120.25	26.67
0.85	48	0.89	57.94	120.25	26.67
0.83	45	0.87	55.10	120.50	26.67
0.81	42	0.85	52.93	120.50	26.67

Tab.6.4   Simulationsergebnisse für Ersatzteil 2

In obigem Beispiel wird für eine Mindestbestellmenge von 100 Einheiten zugleich die Stabilitätsproblematik der Ergebnisse deutlich. Hohe Bestellmengen führen zu relativ langen Bestellzyklen. Die begrenzte Simulationsdauer von 80 Perioden lieferte dann lediglich 3 Bestellzyklen. Aus diesem Grund stellen die Werte der entsprechenden Gruppe erst eine relativ grobe Annäherung an die Erwartungswerte dar. Die Vorgabe großer Mindestbestellmengen wirkte sich somit auf die Güte der Simulationsergebnisse nachhaltig aus. Diese Tendenz ist auch für den mittleren Bestellumfang festzustellen.

Für alle drei alternativ vorgegebenen Mindestbestellmengen wird zunächst die Unabhängigkeit von Bestellpunkt und mittlerer Bestellmenge sichtbar. Der Erwartungswert der Bestellmenge ergibt sich als Summe aus Mindestbestellmenge und Erwartungswert der Unterschreitung des Bestellpunktes. Eine sehr gute Übereinstimmung von prognostiziertem und realisiertem Wert zeigt sich bereits bei 6 Bestellzyklen im Simulationszeitraum. Da für die Mindestbestellmengenvorgaben von 80 und 100 im Simulationszeitraum nur 4 bzw. 3 Bestellungen ausgelöst wurden, ergeben sich etwas ungenauere Ergebnisse.

Der mittlere Lagerbestand wird neben der Mindestbestellmenge entscheidend von der Bestellpunktvorgabe geprägt. Da sich jedoch der Bestellpunkt für gleiche Servicegradniveaus sehr invariat gegenüber Änderungen der Mindestbestellmenge zeigt, kommt dieser ein dominierender Einfluß zu. Diese Unabhängigkeit von Bestellpunkt und Mindestbestellmenge rechtfertigt die sukzessive Bestimmung der Führungsgrößen.

Mit diesem Ergebnis wird die generelle Regelungskonzeption zunächst bestätigt. Die berechneten Lagerkennziffern werden bei sporadischer Nachfrage und langen
Lieferzeiten relativ exakt von den empirischen Werten
angenähert.

Zur Abrundung der Darstellung sollen nun die Simulationsergebnisse der Ersatzteile mit niedrigster und
höchster Gesamtnachfrage einander gegenübergestellt
werden. Ersatzteil 10 zeichnet sich gleich in mehrfacher Hinsicht als sehr problematisch aus. Einem sehr
niedrigen Jahresverbrauch stehen eine hohe Sporadität
und extrem lange Lieferfrist gegenüber. Damit ist hier
der Grenzfall erreicht, an dem statistische Methoden
überhaupt noch sinnvoll angewandt werden können. Gera-
dezu überraschend erscheint in diesem Fall dann die
Einhaltung des vorgegebenen Servicegrades (vgl. Tab.
6.5). Allerdings tritt insbesondere für geringe Mindestbestellmengen und niedrigere Servicegradvorgaben
eine erhebliche Abweichung zum realisierten Wert auf.

Um zu überprüfen, ob die Ursache dieser Abweichung im
Regelkonzept begründet ist, wurde der Bestellpunkt so
korrigiert, daß sich eine weitgehende Übereinstimmung
von angestrebtem und realisiertem Servicegrad ergab
(vgl. Tab. 6.6). Dabei zeigte sich, daß nur minimale
Korrekturen am Bestellpunkt vorzunehmen waren. Dieses
Ergebnis unterstreicht die These, daß die Abweichungen
der realisierten von den prognostizierten Lagerkennziffern auf nicht hinreichende Stabilität der Approximation in Folge eines sehr geringen Datenbestandes zurückzuführen ist.

Nicht unerwähnt bleiben soll dagegen auch eine relativ
starke Abweichung insbesondere des realisierten Ser-

Simulationsergebnisse   Ersatzteil 10

Parameterkonstellation für die Simulationsläufe
Glättungsparameter: 0.01
Mindestbestellmenge: 6 / 8 / 10   Stück
Wiederbeschaffungszeit: 19 Wochen

SG-V	BPKT	SG-R	LAG	B-UMF	BZYKL
0.97	17	0.98	11.55	8.00	20.00
0.95	15	0.93	9.75	8.25	20.00
0.93	13	0.88	8.31	8.25	20.00
0.91	12	0.85	8.18	7.25	20.00
0.89	11	0.80	7.39	7.25	20.00
0.87	10	0.76	6.70	7.50	20.00
0.85	10	0.73	6.24	7.50	20.00
0.83	9	0.71	5.96	7.25	20.00
0.81	9	0.68	5.39	7.50	20.00
0.97	17	1.00	13.16	9.67	26.67
0.95	14	0.98	11.41	9.33	26.67
0.93	13	0.90	10.00	9.67	26.67
0.91	12	0.85	9.15	9.67	26.67
0.89	11	0.80	8.31	9.67	26.67
0.87	10	0.78	7.66	9.67	26.67
0.85	10	0.73	7.16	10.00	26.67
0.83	9	0.73	6.94	9.67	26.67
0.81	9	0.71	6.29	10.00	26.67
0.97	16	1.00	14.45	12.50	40.00
0.95	14	1.00	12.45	12.50	40.00
0.93	13	0.98	11.76	11.00	26.67
0.91	12	0.95	10.88	11.00	26.67
0.89	11	0.93	9.99	11.33	26.67
0.87	10	0.88	9.23	11.33	26.67
0.85	10	0.83	8.60	11.33	26.67
0.83	9	0.83	8.39	11.33	26.67
0.81	9	0.78	7.89	11.33	26.67

Tab. 6.5   Simulationsergebnisse für Ersatzteil 10

Simulationsergebnisse   Ersatzteil 10

Parameterkonstellation für die Simulationsläufe
Glättungsparameter: 0.01
Mindestbestellmenge: 6 / 8 / 10   Stück
Wiederbeschaffungszeit: 19 Wochen
korrigierte Fassung

SG-V	BPKT	SG-R	LAG	B-UMF	BZYKL
0.97	17	0.98	11.55	8.25	20.00
0.95	15	0.95	10.65	8.00	20.00
0.93	14	0.93	9.75	8.00	20.00
0.91	13	0.90	8.85	8.25	20.00
0.89	13	0.80	8.10	8.25	20.00
0.87	12	0.85	·8.05	7.25	20.00
0.85	11	0.80	7.43	7.50	20.00
0.83	11	0.80	7.39	7.25	20.00
0.81	10	0.76	6.70	7.50	20.00
0.97	17	1.00	13.35	9.67	26.67
0.95	15	1.00	12.13	9.33	26.67
0.93	14	0.98	11.23	9.33	26.67
0.91	13	0.93	10.54	9.33	26.67
0.89	13	0.90	9.78·	9.33	26.67
0.87	12	0.85	9.15	9.67	26.67
0.85	11	0.83	8.39	9.67	26.67
0.83	11	0.80	8.31	9.67	26.67
0.81	10	0.78	7.66	9.67	26.67
0.97	16	1.00	14.45	12.50	40.00
0.95	14	1.00	12.45	12.50	40.00
0.93	13	0.98	11.76	11.00	26.67
0.91	12	0.95	10.88	11.00	26.67
0.89	11	0.93	9.99	11.33	26.67
0.87	10	0.88	9.23	11.33	26.67
0.85	10	0.83	8.60	11.33	26.67
0.83	9	0.83	8.39	11.33	26.67
0.81	9	0.78	7.89	11.33	26.67

Tab. 6.6   Simulationsergebnisse für Ersatzteil 10
korrigierte Fassung

vicegrades vom vorgegeben Wert für Ersatzteil 4 (vgl. Tab. 6.7). Eine Analyse der Ursache offenbarte folgende Wirkungszusammenhänge: In der Mitte des Simulationszeitraumes tritt ein extremer Strukturbruch in der Nachfrage ein. Innerhalb eines Quartals steigt die Nachfrage um rund 300 %. Bei einer vorgegeben Fertigungszeit von ebenfalls einem Quartal kann kein automatisches Dipositionskonzept einer solchen Entwicklung ohne Zusatzinformationen entgegenwirken. Die Ursache dieser Abgangshäufung war letztendlich in einer starken Divergenz von Auslieferungstruktur und Bedarfsstruktur zu sehen. Es zeigte sich, daß bereits die Integration deterministischer Bedarfsanteile das Problem löste. Denn langfristig bekannter Bedarf für die Produktion wurde innerhalb kürzester Frist abgerufen und überlagerte den leicht ansteigenden Ersatzteilbedarf. Dementsprechend ergeben sich bei einer Anwendung der Verfügbarkeitsrechnung wieder gute Übereinstimmungen (vgl. Tab. 6.8).

Allerdings wird an diesem Beispiel ebenso deutlich, wie stark Zufallseinflüsse auf die Ergebnisse durchschlagen. Die Heraufsetzung der Mindestbestellmenge von 20 auf 30 Einheiten resultierte trotz nahezu unveränderter Bestellpunkte in einer deutlich höheren Verfügbarkeit (vgl. Tab. 6.7).

Am Rande erwähnt sei eine weitere Kuriosität, die vereinzelt zu beobachten war. Bei der Parametervariation trat mehrmals der Fall auf, daß ein Rückgang des Bestellpunktes eine Erhöhung des realisierten Servicegrades zur Folge hatte. Ein solcher Wirkungszusammenhang erklärt sich durch die ausgelösten Verschiebungen im Lagerprozeß. Durch den niedrigeren Bestellpunkt wurde eine Auffüllung ein oder zwei Perioden früher

Simulationsergebnisse   Ersatzteil 4

Parameterkonstellation für die Simulationsläufe
Glättungsparameter: 0.01
Mindestbestellmenge: 20 / 30 / 40   Stück
Wiederbeschaffungszeit: 11 Wochen

SG-V	BPKT	SG-R	LAG	B-UMF	BZYKL
0.97	21	0.78	20.21	24.50	20.00
0.95	19	0.74	17.64	24.50	20.00
0.93	17	0.72	16.15	24.25	20.00
0.91	15	0.70	15.20	24.25	20.00
0.89	14	0.68	14.11	24.25	20.00
0.87	13	0.67	13.31	24.25	20.00
0.85	13	0.65	12.51	24.25	20.00
0.83	12	0.64	11.74	24.25	20.00
0.81	11	0.63	11.74	24.25	20.00
0.97	21	0.91	26.33	33.90	26.67
0.95	19	0.89	23.99	32.67	26.67
0.93	16	0.87	22.11	32.67	26.67
0.91	15	0.86	21.19	32.67	26.67
0.89	14	0.85	19.95	32.33	26.67
0.87	13	0.84	19.03	32.33	26.67
0.85	12	0.84	18.80	32.33	26.67
0.83	11	0.83	18.20	32.33	26.67
0.81	11	0.80	17.24	32.33	26.67
0.97	21	0.89	27.80	42.50	40.00
0.95	18	0.85	25.96	42.00	40.00
0.93	16	0.81	24.28	42.50	40.00
0.91	15	0.79	23.45	42.00	40.00
0.89	13	0.77	22.84	42.00	40.00
0.87	13	0.75	21.83	42.00	40.00
0.85	12	0.75	21.01	42.00	40.00
0.83	11	0.71	20.24	42.00	40.00
0.81	10	0.71	20.24	42.00	40.00

Tab. 6.7   Simulationsergebnisse für Ersatzteil 4

Simulationsergebnisse   Ersatzteil 4

Parameterkonstellation für die Simulationsläufe
Glättungsparameter: 0.01
Mindestbestellmenge: 20 / 30 / 40 Stück
Wiederbeschaffungszeit: 11 Wochen
Produktionsbedarf deterministisch

SG-V	BPKT	SG-R	LAG	B-UMF	BZYKL
0.97	14	0.91	16.04	22.25	20.00
0.95	12	0.88	14.98	22.25	20.00
0.93	11	0.87	13.81	22.00	20.00
0.91	10	0.88	12.50	22.50	20.00
0.89	9	0.87	12.08	22.25	20.00
0.87	8	0.85	11.60	22.25	20.00
0.85	8	0.83	10.88	22.50	20.00
0.83	7	0.81	10.51	22.25	20.00
0.81	7	0.80	10.13	22.50	20.00
0.97	13	0.95	22.94	32.00	26.67
0.95	11	0.93	21.03	32.00	26.67
0.93	10	0.91	19.61	32.33	26.67
0.91	9	0.89	18.76	32.33	26.67
0.89	8	0.87	17.85	32.33	26.67
0.87	8	0.86	17.08	32.67	26.67
0.85	7	0.85	16.95	32.33	26.67
0.83	7	0.84	16.18	32.33	26.67
0.81	6	0.83	16.09	32.33	26.67
0.97	13	0.97	28.90	43.00	40.00
0.95	11	0.95	27.04	43.50	40.00
0.93	10	0.93	26.13	43.50	40.00
0.91	9	0.91	25.21	43.50	40.00
0.89	8	0.89	24.34	43.50	40.00
0.87	7	0.88	23.80	43.50	40.00
0.85	7	0.86	22.99	44.00	40.00
0.83	6	0.86	22.93	43.50	40.00
0.81	6	0.84 ·	22.11	44.00	40.00

Tab. 6.8   Simulationsergebnisse für Ersatzteil 4
             Integration des deterministischen
             Produktionsbedarfs

ausgelöst und traf dann so rechtzeitig im Lager ein,
daß eine auftretende große Nachfrage voll befriedigt
werden konnte. Paradoxa dieser Art traten allerdings
recht selten auf.

An den Simulationsergebnissen für Ersatzteil 4 wird
insbesondere deutlich, welchen Stellenwert die Erweite-
rungsmodule bei der Disposition von Ersatzteilbedarf
einnehmen. Allgemein hat sich die Integration deterministischer Bedarfsanteile mittels Verfügbarkeitsrechnung in der Simulation bewährt. Bestellumfang und Bestellzyklus weichen aufgrund der Aufschaltung der deterministischen Bedarfsanteile auf den stochastischen
Grundbedarf nicht von den Werten ab, die realisiert
wurden, wenn der gesamte Bedarf als unvorhersehbar
unterstellt wurde (vgl. Tab. 6.7; 6.8). Allerdings
ergab sich eine erhebliche Reduzierung des Bestellpunktes zur Einhaltung des vorgegebenen Servicegradniveaus. Die resultierende Reduktion des Sicherheits-
bestandes drückt sich in einer Verminderung des mittleren Gesamtlagerbestandes aus. In extremen Fällen, in
denen der deterministische Bedarf den stochastischen
quantitativ dominiert, ergibt sich eine drastische Senkung des Bestellpunktes. Zugleich zeichnet sich dann
der beginnende Grenzprozeß ab, daß für deterministische Bedarfsanteile gegen 100 % der Servicegrad ebenfalls gegen 100 % konvergiert.

Von überraschendem Ergebnis war die Parametervariation
im Zusammenhang mit der Fertigungszeit. Mit dem entwickelten Modell war es möglich, die Auswirkungen
einer drastischen Verringerung der Wiederbeschaffungsfrist speziell auf den Bestellpunkt und den mittleren
Lagerbestand zu analysieren. Diese Veränderungen im
Mengengerüst des Lagerprozesses bilden die Grundlage

zur Ermittlung der sich im Lagerbereich ergebenden
Kostenwirkungen. Zur Veranschaulichung sei das folgende
Beispiel gegeben. Eine drastische Reduktion der Fertigungszeit (Materialbeschaffungszeit) für Ersatzteil 3
von 23 Wochen auf 3 Wochen bewirkte eine Verringerung
des Bestellpunktes auf 1/3 des ursrünglichen Wertes.
Der mittlere Lagerbestand verringerte sich dabei jedoch
nur auf ein Niveau von 50 % - 66 %.

6.4 Zusammenfassung der Simulationsergebnisse

Das Ziel der Simulation bestand darin, die Funktionsweise des entwickelten Dispositionskonzeptes unter
realitätsnahen Bedingungen zu überprüfen und damit
zugleich die verwendeten Heuristiken zu bestätigen. Die
der Simulation zugrundegelegten Ersatzteile stellten
einen repräsentativen Querschnitt aus dem gesamten
Ersatzteilsortiment dar und zeichneten sich durch hohe
Sporadität der Nachfrage aus. Darüber hinaus bewirkten
die extrem langen Wiederbeschaffungsfristen im Zusammenhang mit sporadischem Bedarf eine Verschärfung der Lagerhaltungsproblematik, da Fehldispositionen nur langfristig korrigiert werden können. Die in der Simulation
nachvollzogene Lagerhaltungssituation betraf somit den
Grenzbereich, für den auf statistische Verfahren aufbauende analytische Regelungskonzepte noch anwendbar
sind.

Die Fortschreibung der empirischen Verteilungskenn-
ziffern mittels exponentieller Glättung und einem Glättungsparameter von 0.01 erwies sich als hinreichend
stabil. Der damit verbundene Nachteil geringer Reagibilität des Mittelwertes bei Strukturbrüchen wird durch

die stärkere Berücksichtigung der Varianz in der Integralgleichung zur Bestimmung des Bestellpunktes wieder kompensiert.

Die Validierung der im Modell verwendeten Annahmen hat sich daran zu orientieren, inwieweit die in der Simulation realisierten Lagerkennwerte mit den prognostizierten übereinstimmen. Die Simulationsergebnisse bestätigten die generelle Regelungskonzeption, da die berechneten Lagerkennziffern von den empirischen Werten bei sporadischer Nachfrage und langer Lieferzeit relativ exakt angenähert wurden.

Die bei der Führungsgrößenfestlegung unterstellte Unabhängigkeit von Bestellpunkt und Mindestbestellmenge im relevanten Parameterbereich wurde von den Simulationsergebnissen ebenfalls bestätigt. Damit ist die separate Festlegung der Führungsgrößen in einem sukzessiven Entscheidungsprozeß gerechtfertigt.

Die Bedeutung der Integration von Zusatzinformation bei der Disposition von Ersatzteilbedarf wird durch die Einhaltung der Servicegradvorgaben bei einer gleichzeitigen Reduktion des mittleren Lagerbestandes im Fall der Integration deterministischer Nachfrage unterstrichen.

Mit der in der Simulationsstudie durchgeführten Parametervariation wurde zugleich der zweite Aspekt des Dispositionskonzeptes, ein Planungsmodell für die Herleitung einer Gesamtkonzeption der Ersatzteillagerdisposition zu entwickeln, besonders deutlich.

7 Zusammenfassung der Ergebnisse

Ziel der vorliegenden Arbeit war es, ein flexibles Dispositionskonzept für Ersatzteilläger zu entwickeln, das die Grundlage für zielgerichtete, quantitative Lagerhaltungsentscheidungen bildet.

Den Ausgangspunkt für alle dipositiven Entscheidungen beim Hersteller bildet eine kurzfristige Prognose der zukünftigen Nachfrage. In einer systematischen Analyse wurden zunächst die wesentlichen Einflußfaktoren der Ersatzteilnachfrage beim Hersteller herausgearbeitet und Ansatzpunkte für eine Prognose aufgezeigt. Aufbauend auf einer Klassifikation der Nachfragestruktur wurde ein statistisches Verfahren zur Bedarfsermittlung entwickelt, das den sporadischen Verlauf der Ersatzteilnachfrage durch die Verwendung einer speziellen Wahrscheinlichkeitsverteilung explizit berücksichtigt.

Bei der Ableitung einer operationalen Zielformulierung für die Ersatzteillagerdisposition beim Hersteller zeigte sich, daß das den meisten Lagerhaltungsmodellen zugrundegelegte Kostenminimierungskonzept nicht zur Bewertung der Lagerhaltungssituation herangezogen werden kann, da die Ermittlung von korrekten entscheidungsrelevanten Kostensätzen aus den Informationen des betrieblichen Rechnungswesens häufig nicht durchführbar ist. Somit können auch alle auf einer eindimensionalen Bewertung aufbauenden Optimierungskalküle zur Auswahl einer "besten" Dispositionsalternative nicht verwendet werden. Daher wurden im Sinne einer mehrdimensionalen Bewertung drei teilweise konkurrierende Entscheidungskriterien als operationale Unterziele abgeleitet, die Hilfskriterien zur oberzielkonformen Bewertung der

Lagerhaltunssituation darstellen und die Grundlage zur Auswahl zufriedenstellender Dispositionsentscheidungen bilden.

Aufbauend auf den entwickelten Unterzielen wurde dann ein Ansatz zur Disposition von Ersatzteillägern entwickelt. Unter Verwendung eines (s,S)-Bestellpunktreglers als praktikablem Dispositionskonzept wurden zunächst die Beziehungen zwischen den Dispositionsparametern und den Zielkriterien in Form analytischer Funktionen hergeleitet. Ein wesentlicher Aspekt dieses Dispositionskonzeptes liegt in der Bestimmung der Nachfrageverteilung, die der Berechnung der Dispositionsparameter zugrundegelegt werden. Die Schätzung dieser Verteilungen basiert auf einer Analyse des Vergangenheitsbedarfs und liefert die Möglichkeit, Zusatzinformationen zu berücksichtigen, deterministische Bedarfsanteile zu integrieren sowie Strukturverschiebungen des Nachfrageprozesses adaptiv zu erfassen.

Mit dem Modell ist die Möglichkeit geschaffen worden, die Beziehungen zwischen den Parametern der Ersatzteillagerhaltung quantitativ zu erfassen und auf dieser Grundlage unter Einbeziehung gesamtlagerbezogener Bewertungskriterien rational unterstützte Lagerhaltungsentscheidungen zu treffen.

Im Anschluß an die Modellbildung wurde das entwickelte Dispositionskonzept in einer auf empirischen Daten basierenden Simulationsstudie einer Validierung unterzogen, in der die theoretischen Erkenntnisse bestätigt wurden.

Anhang 1

1.1 Lagerhaltungsdisposition als Erneuerungsprozeß

Die Erneuerungstheorie hat ihren Ursprung in Untersuchungen einiger spezieller wahrscheinlichkeitstheoretischer Probleme, die mit dem Ausfall und Ersatz von Elementen zusammenhängen. Sie entwickelte sich zu einem eigenständigen Gebiet, als sich herauskristallisierte, daß genau dieselben Probleme auch bei vielen anderen Anwendungen der Wahrscheinlichkeitstheorie auftraten. Im Laufe der Zeit dehnte sich das Aufgabengebiet auf die Betrachtung allgemeiner Ergebnisse über Summen unabhängiger, nichtnegativer Zufallsvariabler aus. Daher sind auch viele neuere Arbeiten auf diesem Gebiet nicht speziell mit dem Ersatzproblem verknüpft.

1.2 Der normale Erneuerungsprozeß

Sei eine Anzahl von Elementen eines Systems gegeben und jedes Element durch eine nichtnegative Zufallsvariable X, ihre Lebensdauer oder Zeit bis zum Ausfall, charakterisiert. Zu einem Zeitpunkt 0 beginnt der Prozeß mit einem neuen Element. Dieses falle zum Zeitpunkt X_1 aus und werde durch ein neues Element ersetzt. Wenn dessen Lebensdauer X_2 beträgt, fällt das neue Element zum Zeitpunkt X_1+X_2 aus. Dieser Prozeß wird fortgesetzt, indem ein ausgefallenes Element sofort durch ein neues ersetzt wird.

Sind nun X_1, $X_2,\ldots$ unabhängige, identisch verteilte Zufallsvariablen mit einer Wahrscheinlichkeitsdichte $f(x)$, so wird der Prozeß als Erneuerungsprozeß bezeichnet.

Für einen festen Zeitpunkt t definiert man die Zufallsvariable N(t) als Anzahl der bis zum Zeitpunkt t durchgeführten Erneuerungen. Als weitere Zufallsvariable im
Zeitpunkt t wird die Vorwärts-Rekurrenzzeit V(t) (Rest-
lebensdauer) eingeführt, die die restliche Lebensdauer
des gerade verwendeten Elementes darstellt.

1.3 Lagerdisposition als Erneuerungsprozeß

Die in einem Lager eintreffenden Bedarfe (evtl. kumuliert bezüglich einer Bezugsperiode) werden als Elemente betrachtet. Jedem Bedarfsfall ist die nichtnegative
Zufallsvariable X der Höhe des Bedarfs zugeordnet. Zum
Zeitpunkt der Auslösung einer Wiederauffüllbestellung
beginnt der Prozeß. Der disponible Lagerbestand entspricht dem Maximalbestand S. Mit eintreffen der ersten
Nachfrage nimmt der Lagerabgang den Wert x_1 an. Die
nächste Nachfrage erhöht den Lagerabgang auf x_1+x_2.

Für einen fixierten Wert D des Lagerabgangs definiert
die Zufallsvariable N(D) die Anzahl der den Lagerabgang
verursachenden Nachfragen. Sei D nun die Differenz aus
Maximalbestand und Bestellpunkt D=S-s. Erreicht der
Lagerabgang den Wert D, wird der Prozeß gestoppt und
ein neuer initiiert. Eine wesentliche Kenngröße bei der
Parameterberechnung ist die Zufallsvariable Z=V(D), die
die Überschreitung des Lagerabgangs über den Wert D
(oder äquivalent die Unterschreitung des Bestellpunktes
s) angibt.

Ein Standardergebnis der Erneuerungstheorie liefert
eine Abschätzung des Erwartungswertes der Zufallsvariablen Z unter Heranziehung des Mittelwertes und der
Varianz der Bedarfshöhe.

Anhang 2

Simulationsergebnisse Ersatzteil 1

Parameterkonstellation für die Simulationsläufe
Glättungsparameter: 0.01
Mindestbestellmenge: 20 / 30 / 40 Stück
Wiederbeschaffungszeit   22 Wochen

SG-V	BPKT	SG-R	LAG	B-UMF	BZYKL
0.97	85	0.97	23.15	25.20	8.00
0.95	76	0.90	20.24	27.78	8.89
0.93	70	0.86	18.48	27.44	8.89
0.91	66	0.82	16.88	27.44	8.89
0.89	62	0.79	15.69	27.33	8.89
0.87	59	0.78	14.91	27.11	8.89
0.85	56	0.76	13.75	24.40	8.00
0.83	53	0.75	12.98	24.30	8.00
0.81	50	0.75	12.20	24.20	8.00
0.97	85	0.98	30.39	36.00	11.43
0.95	76	0.97	26.08	35.57	11.43
0.93	70	0.95	23.71	35.29	11.43
0.91	66	0.95	21.55	33.71	11.43
0.89	62	0.92	19.99	33.57	11.43
0.87	58	0.86	18.65	33.43	11.43
0.85	55	0.86	17.70	33.29	11.43
0.83	53	0.82	16.94	34.71	11.43
0.81	50	0.80	16.11	38.67	13.33
0.97	84	0.98	35.05	48.20	16.00
0.95	76	0.98	31.04	47.60	16.00
0.93	70	0.96	27.98	42.50	13.33
0.91	65	0.95	26.06	49.20	16.00
0.89	61	0.93	24.50	49.00	16.00
0.87	58	0.86	23.03	49.00	16.00
0.85	55	0.84	22.06	48.60	16.00
0.83	52	0.82	21.10	48.60	16.00
0.81	50	0.80	20.15	48.40	16.00

Simulationsergebnisse   Ersatzteil 1

Parameterkonstellation für die Simulationsläufe
Glättungsparameter: 0.01
Mindestbestellmenge: 20 / 30 / 40 Stück
Wiederbeschaffungszeit   22 Wochen
Berücksichtigung deterministischer Bedarfsanteile

SG-V	BPKT	SG-R	LAG	B-UMF	BZYKL
0.97	37	0.98	17.50	25.70	8.00
0.95	33	0.96	15.39	25.60	8.00
0.93	30	0.91	14.36	25.60	8.00
0.91	28	0.89	13.30	25.60	8.00
0.89	26	0.92	12.70	25.60	8.00
0.87	25	0.95	12.45	25.70	8.00
0.85	23	0.89	11.03	24.70	8.00
0.83	22	0.88	10.64	27.11	8.89
0.81	21	0.86	9.98	27.11	8.89
0.97	37	0.94	24.73	32.86	11.43
0.95	33	0.92	22.03	32.86	11.43
0.93	30	0.90	20.73	32.71	11.43
0.91	28	0.88	19.44	33.43	11.43
0.89	26	0.89	18.18	33.57	11.43
0.87	24	0.87	16.88	33.57	11.43
0.85	23	0.87	16.36	35.29	11.43
0.83	22	0.86	15.66	33.57	11.43
0.81	21	0.72	15.13	36.29	11.43
0.97	36	0.99	32.25	55.75	20.00
0.95	32	0.97	29.58	55.75	20.00
0.93	29	0.95	28.29	55.50	20.00
0.91	27	0.90	29.90	53.50	20.00
0.89	25	0.90	29.18	53.50	20.00
0.87	24	0.89	27.95	53.75	20.00
0.85	22	0.89	27.45	53.75	20.00
0.83	21	0.88	26.34	54.25	20.00
0.81	20	0.87	25.50	54.25	20.00

Simulationsergebnisse   Ersatzteil 2

Parameterkonstellation für die Simulationsläufe
Glättungsparameter: 0.01
Mindestbestellmenge: 60 / 80 / 100 Stück
Wiederbeschaffungszeit   11 Wochen

SG-V	BPKT	SG-R	LAG	B-UMF	BZYKL
0.97	82	1.00	75.55	69.86	13.33
0.95	72	0.99	64.59	70.00	13.33
0.93	66	0.97	57.08	69.86	13.33
0.91	61	0.93	55.35	68.57	13.33
0.89	56	0.90	50.29	64.14	13.33
0.87	53	0.88	46.23	68.71	13.33
0.85	50	0.85	42.91	68.86	13.33
0.83	47	0.80	31.33	70.14	13.33
0.81	44	0.78	29.03	70.29	13.33
0.97	81	1.00	77.32	89.40	20.00
0.95	72	1.00	67.36	89.40	20.00
0.93	65	0.98	60.30	89.60	20.00
0.91	60	0.95	54.99	89.60	20.00
0.89	56	0.91	50.55	89.80	20.00
0.87	52	0.87	47.06	90.00	20.00
0.85	49	0.84	44.32	90.00	20.00
0.83	46	0.81	41.69	90.20	20.00
0.81	43	0.78	39.39	90.40	20.00
0.97	81	0.99	87.21	119.50	26.67
0.95	71	0.96	77.13	119.75	26.67
0.93	64	0.96	73.78	120.00	26.67
0.91	59	0.94	68.64	120.00	26.67
0.89	55	0.92	64.62	120.25	26.67
0.87	51	0.91	60.69	120.25	26.67
0.85	48	0.89	57.94	120.25	26.67
0.83	45	0.87	55.10	120.50	26.67
0.81	42	0.85	52.93	120.50	26.67

Simulationsergebnisse   Ersatzteil 2

Parameterkonstellation für die Simulationsläufe
Glättungsparameter: 0.01
Mindestbestellmenge: 60 / 80 / 100 Stück
Wiederbeschaffungszeit   11 Wochen
Berücksichtigung deterministischer Bedarfsanteile

SG-V	BPKT	SG-R	LAG	B-UMF	BZYKL
0.97	45	1.00	57.85	73.85	13.86
0.95	40	0.99	50.85	74.43	13.86
0.93	36	0.98	45.93	75.00	13.86
0.91	33	0.92	42.38	69.13	12.13
0.89	31	0.91	40.00	69.50	12.13
0.87	28	0.89	38.10	69.63	12.13
0.85	27	0.88	35.81	70.00	12.13
0.83	25	0.87	33.86	70.13	12.13
0.81	24	0.85	31.77	70.25	12.13
0.97	45	0.95	71.49	93.17	16.17
0.95	39	0.92	64.22	94.00	16.17
0.93	35	0.93	59.69	94.50	16.17
0.91	32	0.93	57.71	94.83	16.17
0.89	30	0.93	55.62	95.17	16.17
0.87	28	0.92	52.69	95.50	16.17
0.85	25	0.94	51.77	95.67	16.17
0.83	24	0.93	49.16	96.00	16.17
0.81	23	0.92	47.20	96.17	16.17
0.97	44	0.99	90.33	119.50	24.25
0.95	38	0.97	62.72	120.50	24.25
0.93	35	0.95	77.29	121.25	24.25
0.91	32	0.94	72.92	122.00	24.25
0.89	29	0.92	69.53	122.75	24.25
0.87	27	0.91	60.60	109.60	19.40
0.85	25	0.89	58.23	109.80	19.40
0.83	23	0.89	55.89	110.00	19.40
0.81	22	0.87	53.77	110.40	19.40

Simulationsergebnisse   Ersatzteil 3

Parameterkonstellation für die Simulationsläufe
Glättungsparameter: 0.01
Mindestbestellmenge: 8 / 10 / 12 Stück
Wiederbeschaffungszeit   23 Wochen

SG-V	BPKT	SG-R	LAG	B-UMF	BZYKL
0.97	17	1.00	19.38	10.33	26.67
0.95	15	0.98	16.54	10.67	26.67
0.93	13	0.93	14.80	10.33	26.67
0.91	13	0.90	13.94	10.33	26.67
0.89	12	0.81	12.13	9.67	26.67
0.87	11	0.79	11.41	9.67	26.67
0.85	10	0.74	10.65	9.67	26.67
0.83	10	0.71	9.98	10.00	26.67
0.81	9	0.67	9.26	10.00	26.67
0.97	17	1.00	21.38	12.50	40.00
0.95	15	1.00	18.53	13.00	40.00
0.93	13	0.98	16.54	12.00	40.00
0.91	12	0.95	15.55	12.00	40.00
0.89	12	0.90	13.98	12.50	40.00
0.87	11	0.88	13.29	13.00	40.00
0.85	10	0.86	12.45	13.00	40.00
0.83	10	0.79	11.50	11.33	26.67
0.81	9	0.74	10.67	11.67	26.67
0.97	17	1.00	23.36	13.00	40.00
0.95	15	1.00	20.53	13.00	40.00
0.93	13	1.00	18.53	13.00	40.00
0.91	12	1.00	17.53	13.00	40.00
0.89	12	0.95	15.70	14.00	40.00
0.87	11	0.93	14.84	14.00	40.00
0.85	10	0.90	14.13	14.00	40.00
0.83	10	0.88	13.29	14.50	40.00
0.81	9	0.86	12.06	14.50	40.00

<table>
<tr><td colspan="6">

Simulationsergebnisse Ersatzteil 3

Parameterkonstellation für die Simulationsläufe
Glättungsparameter: 0.01
Mindestbestellmenge: 8 / 10 / 12   Stück
Wiederbeschaffungszeit   23   Wochen
Berücksichtigung deterministischer Bedarfsanteile

</td></tr>
</table>

SG-V	BPKT	SG-R	LAG	B-UMF	BZYKL
0.97	18	1.00	13.62	12.75	24.25
0.95	16	0.95	11.92	11.00	19.40
0.93	15	0.92	10.24	11.00	19.40
0.91	14	0.88	8.92	11.00	19.40
0.89	13	0.97	8.31	11.00	19.40
0.87	12	0.85	7.61	10.20	19.40
0.85	12	0.88	6.97	11.00	19.40
0.83	11	0.81	6.30	10.80	19.40
0.81	10	0.73	6.27	9.17	16.17
0.97	18	1.00	15.56	13.75	24.25
0.95	16	0.98	13.19	13.75	24.25
0.93	15	0.93	11.18	13.75	24.25
0.91	14	0.92	10.31	13.75	24.25
0.89	13	0.88	9.22	12.25	24.25
0.87	12	0.85	8.66	12.25	24.25
0.85	11	0.81	8.20	12.25	24.25
0.83	11	0.78	7.38	12.25	24.25
0.81	10	0.73	6.57	12.50	24.25
0.97	18	1.00	17.44	15.00	32.33
0.95	16	1.00	14.84	15.33	32.33
0.93	15	0.97	12.70	15.33	32.33
0.91	14	0.95	11.82	15.33	32.33
0.89	13	0.92	10.61	15.33	32.33
0.87	12	0.90	9.74	15.33	32.33
0.85	11	0.88	9.27	15.33	32.33
0.83	11	0.86	8.55	15.33	32.33
0.81	10	0.76	7.75	13.75	24.25

Simulationsergebnisse   Ersatzteil 4

Parameterkonstellation für die Simulationsläufe
Glättungsparameter: 0.01
Mindestbestellmenge: 20 / 30 / 40   Stück
Wiederbeschaffungszeit: 11 Wochen

SG-V	BPKT	SG-R	LAG	B-UMF	BZYKL
0.97	21	0.78	20.21	24.50	20.00
0.95	19	0.74	17.64	24.50	20.00
0.93	17	0.72	16.15	24.25	20.00
0.91	15	0.70	15.20	24.25	20.00
0.89	14	0.68	14.11	24.25	20.00
0.87	13	0.67	13.31	24.25	20.00
0.85	13	0.65	12.51	24.25	20.00
0.83	12	0.64	11.74	24.25	20.00
0.81	11	0.63	11.74	24.25	20.00
0.97	21	0.91	26.33	33.90	26.67
0.95	19	0.89	23.99	32.67	26.67
0.93	16	0.87	22.11	32.67	26.67
0.91	15	0.86	21.19	32.67	26.67
0.89	14	0.85	19.95	32.33	26.67
0.87	13	0.84	19.03	32.33	26.67
0.85	12	0.84	18.80	32.33	26.67
0.83	11	0.83	18.20	32.33	26.67
0.81	11	0.80	17.24	32.33	26.67
0.97	21	0.89	27.80	42.50	40.00
0.95	18	0.85	25.96	42.00	40.00
0.93	16	0.81	24.28	42.50	40.00
0.91	15	0.79	23.45	42.00	40.00
0.89	13	0.77	22.84	42.00	40.00
0.87	13	0.75	21.83	42.00	40.00
0.85	12	0.75	21.01	42.00	40.00
0.83	11	0.71	20.24	42.00	40.00
0.81	10	0.71	20.24	42.00	40.00

Simulationsergebnisse   Ersatzteil 4

Parameterkonstellation für die Simulationsläufe
Glättungsparameter: 0.01
Mindestbestellmenge: 20 / 30 / 40 Stück
Wiederbeschaffungszeit: 11 Wochen
Berücksichtigung deterministischer Bedarfsanteile

SG-V	BPKT	SG-R	LAG	B-UMF	BZYKL
0.97	14	0.91	16.04	22.25	20.00
0.95	12	0.88	14.98	22.25	20.00
0.93	11	0.87	13.81	22.00	20.00
0.91	10	0.88	12.50	22.50	20.00
0.89	9	0.87	12.08	22.25	20.00
0.87	8	0.85	11.60	22.25	20.00
0.85	8	0.83	10.88	22.50	20.00
0.83	7	0.81	10.51	22.25	20.00
0.81	7	0.80	10.13	22.50	20.00
0.97	13	0.95	22.94	32.00	26.67
0.95	11	0.93	21.03	32.00	26.67
0.93	10	0.91	19.61	32.33	26.67
0.91	9	0.89	18.76	32.33	26.67
0.89	8	0.87	17.85	32.33	26.67
0.87	8	0.86	17.08	32.67	26.67
0.85	7	0.85	16.95	32.33	26.67
0.83	7	0.84	16.18	32.33	26.67
0.81	6	0.83	16.09	32.33	26.67
0.97	13	0.97	28.90	43.00	40.00
0.95	11	0.95	27.04	43.50	40.00
0.93	10	0.93	26.13	43.50	40.00
0.91	9	0.91	25.21	43.50	40.00
0.89	8	0.89	24.34	43.50	40.00
0.87	7	0.88	23.80	43.50	40.00
0.85	7	0.86	22.99	44.00	40.00
0.83	6	0.86	22.93	43.50	40.00
0.81	6	0.84	22.11	44.00	40.00

```
┌─────────────────────────────────────────────────────────────┐
│                                                             │
│        Simulationsergebnisse   Ersatzteil 5                 │
│                                                             │
│  Parameterkonstellation für die Simulationsläufe            │
│  Glättungsparameter:          0.01                          │
│  Mindestbestellmenge:         10 / 15 / 20 Stück            │
│  Wiederbeschaffungszeit:      12 Wochen                     │
│                                                             │
└─────────────────────────────────────────────────────────────┘
```

SG-V	BPKT	SG-R	LAG	B-UMF	BZYKL
0.97	20	0.99	19.84	13.83	13.33
0.95	18	0.92	16.09	13.50	13.33
0.93	16	0.93	14.80	13.33	13.33
0.91	15	0.92	13.48	13.17	13.33
0.89	14	0.91	12.08	13.17	13.33
0.87	13	0.89	10.55	13.50	13.33
0.85	12	0.88	9.46	13.50	13.33
0.83	11	0.87	8.70	13.33	13.33
0.81	11	0.80	7.80	12.14	11.43
0.97	20	1.00	19.40	17.25	20.00
0.95	18	1.00	19.68	19.75	20.00
0.93	16	0.99	17.78	18.50	20.00
0.91	15	0.98	16.44	18.25	20.00
0.89	14	0.94	15.26	18.50	20.00
0.87	13	0.92	14.13	18.00	20.00
0.85	12	0.90	13.19	18.00	20.00
0.83	11	0.88	12.44	18.00	20.00
0.81	11	0.88	11.84	18.00	20.00
0.97	20	1.00	23.18	23.00	26.67
0.95	17	0.98	19.94	23.33	26.67
0.93	16	0.94	17.61	23.33	26.67
0.91	14	0.93	16.13	23.67	26.67
0.89	13	1.00	15.93	21.67	26.67
0.87	12	1.00	14.64	21.67	26.67
0.85	12	0.99	13.66	21.67	26.67
0.83	11	0.98	13.49	21.67	26.67
0.81	10	0.97	12.53	21.67	26.67

Simulationsergebnisse Ersatzteil 6

Parameterkonstellation für die Simulationsläufe
Glättungsparameter: 0.01
Mindestbestellmenge: 30 / 40 / 50 Stück
Wiederbeschaffungszeit: 17 Wochen

SG-V	BPKT	SG-R	LAG	B-UMF	BZYKL
0.97	75	0.90	31.07	46.60	16.00
0.95	66	0.83	26.08	38.17	13.33
0.93	60	0.88	23.09	37.67	13.33
0.91	56	0.86	20.51	37.50	13.33
0.89	52	0.81	18.45	37.33	13.33
0.87	49	0.79	17.02	37.17	13.33
0.85	46	0.75	15.68	37.00	13.33
0.83	43	0.74	14.53	36.83	13.33
0.81	41	0.72	13.62	36.67	13.33
0.97	75	0.94	38.59	51.60	16.00
0.95	66	0.92	35.78	51.20	16.00
0.93	60	0.90	29.22	50.80	16.00
0.91	55	0.87	26.57	50.40	16.00
0.89	52	0.85	24.32	50.20	16.00
0.87	48	0.81	22.05	50.00	16.00
0.85	46	0.78	20.33	50.00	16.00
0.83	43	0.78	19.21	50.00	16.00
0.81	41	0.78	16.67	55.25	20.00
0.97	74	0.99	45.07	58.00	20.00
0.95	66	0.96	38.73	57.25	20.00
0.93	60	0.94	32.90	57.00	20.00
0.91	55	0.93	30.09	57.50	20.00
0.89	51	0.89	24.51	58.00	20.00
0.87	48	0.88	22.94	58.50	20.00
0.85	45	0.83	21.89	58.25	20.00
0.83	43	0.88	22.84	68.67	26.67
0.81	40	0.83	21.73	68.67	26.67

Simulationsergebnisse Ersatzteil 7

Parameterkonstellation für die Simulationsläufe
Glättungsparameter: 0.01
Mindestbestellmenge: 5 / 10 / 15 Stück
Wiederbeschaffungszeit: 20 Wochen

SG-V	BPKT	SG-R	LAG	B-UMF	BZYKL
0.97	32	0.97	15.61	9.86	11.43
0.95	30	0.93	14.91	8.11	8.89
0.93	28	0.90	12.78	9.00	10.00
0.91	27	0.87	12.45	8.00	8.89
0.89	26	0.82	11.50	8.25	10.00
0.87	25	0.80	11.45	7.89	8.89
0.85	24	0.77	10.89	7.89	8.89
0.83	23	0.75	10.26	7.78	8.89
0.81	23	0.74	9.89	8.13	10.00
0.97	29	0.98	17.93	13.40	16.00
0.95	26	0.95	16.15	13.00	16.00
0.93	24	0.92	14.93	12.80	16.00
0.91	23	0.89	13.93	12.80	16.00
0.89	22	0.85	12.91	12.60	16.00
0.87	21	0.85	12.55	12.40	16.00
0.85	20	0.82	11.94	12.60	16.00
0.83	19	0.82	11.59	12.40	16.00
0.81	19	0.79	9.68	12.40	16.00
0.97	27	1.00	19.44	19.67	26.67
0.95	24	0.97	17.14	19.67	26.67
0.93	22	0.95	15.46	19.33	26.67
0.91	21	0.93	14.49	19.33	26.67
0.89	20	0.93	13.64	19.00	26.67
0.87	19	0.92	12.68	19.00	26.67
0.85	19	0.89	12.19	19.33	26.67
0.83	19	0.85	11.77	19.33	26.67
0.81	18	0.83	10.84	19.00	16.67

Simulationsergebnisse   Ersatzteil 8

Parameterkonstellation für die Simulationsläufe
Glättungsparameter: 0.01
Mindestbestellmenge: 20 / 30 / 40 Stück
Wiederbeschaffungszeit: 11 Wochen

SG-V	BPKT	SG-R	LAG	B-UMF	BZYKL
0.97	45	0.90	30.84	30.83	13.33
0.95	39	0.87	25.58	33.40	16.00
0.93	35	0.83	22.95	32.60	16.00
0.91	32	0.81	21.05	32.20	16.00
0.89	29	0.78	19.44	31.80	16.00
0.87	27	0.76	17.83	31.40	16.00
0.85	25	0.74	16.54	31.20	16.00
0.83	24	0.73	15.64	30.80	16.00
0.81	22	0.72	14.61	30.60	16.00
0.97	44	0.96	39.81	45.75	20.00
0.95	38	0.95	35.80	44.50	20.00
0.93	34	0.94	32.78	35.00	16.00
0.91	31	0.92	30.63	34.40	16.00
0.89	28	0.90	28.95	34.00	16.00
0.87	26	0.88	27.88	33.60	16.00
0.85	25	0.86	26.55	33.40	16.00
0.83	23	0.85	25.38	33.20	16.00
0.81	22	0.78	22.58	41.00	20.00
0.97	44	0.92	42.40	54.67	26.67
0.95	38	0.91	36.33	55.67	26.67
0.93	34	0.88	33.68	54.33	26.67
0.91	30	0.86	31.88	53.67	26.67
0.89	28	0.84	30.20	53.00	26.67
0.87	26	0.81	28.54	52.33	26.67
0.85	24	0.80	27.34	52.00	26.67
0.83	22	0.79	26.45	51.33	26.67
0.81	21	0.78	25.33	51.00	26.67

Simulationsergebnisse   Ersatzteil 8

Parameterkonstellation für die Simulationsläufe
Glättungsparameter: 0.01
Mindestbestellmenge: 20 / 30 / 40 Stück
Wiederbeschaffungszeit: 11 Wochen
Berücksichtigung deterministischer Bedarfsanteile

SG-V	BPKT	SG-R	LAG	B-UMF	BZYKL
0.97	16	1.00	22.24	29.00	16.00
0.95	14	0.99	19.90	28.80	16.00
0.93	12	0.99	18.96	28.80	16.00
0.91	11	0.99	17.98	28.80	16.00
0.89	10	0.98	16.99	28.80	16.00
0.87	9	0.98	16.16	28.80	16.00
0.85	9	0.98	15.34	28.80	16.00
0.83	8	0.97	15.06	28.80	16.00
0.81	8	0.97	14.35	28.80	16.00
0.97	15	0.98	28.81	45.00	26.67
0.95	13	0.97	26.88	45.00	26.67
0.93	12	0.97	25.19	45.00	26.67
0.91	11	0.96	24.09	45.00	26.67
0.89	10	0.96	23.25	45.00	26.67
0.87	9	0.96	22.66	44.67	26.67
0.85	8	0.96	21.95	44.67	26.67
0.83	8	0.96	21.11	44.67	26.67
0.81	7	0.95	20.86	44.67	26.67
0.97	15	1.00	35.65	48.33	26.67
0.95	13	1.00	33.65	48.33	26.67
0.93	11	1.00	32.35	48.00	26.67
0.91	10	1.00	31.35	48.00	26.67
0.89	9	1.00	30.35	48.00	26.67
0.87	8	0.99	29.54	48.00	26.67
0.85	8	0.99	28.73	48.00	26.67
0.83	7	0.98	28.36	48.00	26.67
0.81	7	0.98	27.78	48.00	26.67

Simulationsergebnisse   Ersatzteil 9

Parameterkonstellation für die Simulationsläufe
Glättungsparameter: 0.01
Mindestbestellmenge: 40 / 50   Stück
Wiederbeschaffungszeit: 8 Wochen

SG-V	BPKT	SG-R	LAG	B-UMF	BZYKL
0.97	66	0.94	37.26	46.00	13.86
0.95	57	0.91	32.39	46.50	16.17
0.93	50	0.90	29.73	46.17	16.17
0.91	45	0.88	27.64	46.00	16.17
0.89	42	0.87	25.93	45.83	16.17
0.87	38	0.86	24.79	45.67	16.17
0.85	35	0.84	23.16	45.67	16.17
0.83	33	0.83	22.11	45.67	16.17
0.81	31	0.82	20.65	45.50	16.17
0.97	66	0.99	38.64	56.20	19.40
0.95	56	0.95	34.05	55.60	19.40
0.93	50	0.93	31.09	55.40	19.40
0.91	45	0.97	32.01	55.20	19.40
0.89	41	0.97	30.57	55.00	19.40
0.87	38	0.96	29.28	55.00	19.40
0.85	35	0.95	27.86	54.80	19.40
0.83	32	0.95	27.08	54.60	19.40
0.81	30	0.95	26.14	54.60	19.40

Simulationsergebnisse Ersatzteil 9

Parameterkonstellation für die Simulationsläufe
Glättungsparameter: 0.01
Mindestbestellmenge: 40 / 50   Stück
Wiederbeschaffungszeit: 8 Wochen
Berücksichtigung deterministischer Bedarfsanteile

SG-V	BPKT	SG-R	LAG	B-UMF	BZYKL
0.97	14	0.98	24.23	51.20	18.60
0.95	12	0.97	22.76	51.20	18.60
0.93	11	0.97	21.60	51.20	18.60
0.91	10	0.97	20.66	51.20	18.60
0.89	9	0.96	19.86	51.00	18.60
0.87	8	0.96	19.71	51.20	18.60
0.85	7	0.96	18.77	51.20	18.60
0.83	7	0.96	18.73	51.00	18.60
0.81	6	0.94	18.65	51.20	18.60
0.97	14	0.97	27.01	52.40	18.60
0.95	12	0.96	25.19	52.40	18.60
0.93	10	0.94	22.13	53.60	18.60
0.91	9	0.93	21.68	53.60	18.60
0.89	8	0.96	21.67	64.00	23.25
0.87	7	0.95	20.00	64.00	23.25
0.85	7	0.91	19.43	53.60	18.60
0.83	6	0.93	19.11	64.00	23.25
0.81	6	0.89	18.25	53.60	18.60

```
        Simulationsergebnisse   Ersatzteil 10

Parameterkonstellation für die Simulationsläufe
Glättungsparameter:          0.01
Mindestbestellmenge:         6 / 8 / 10   Stück
Wiederbeschaffungszeit:      19  Wochen
```

SG-V	BPKT	SG-R	LAG	B-UMF	BZYKL
0.97	17	0.98	11.55	8.00	20.00
0.95	15	0.93	9.75	8.25	20.00
0.93	13	0.88	8.31	8.25	20.00
0.91	12	0.85	8.18	7.25	20.00
0.89	11	0.80	7.39	7.25	20.00
0.87	10	0.76	6.70	7.50	20.00
0.85	10	0.73	6.24	7.50	20.00
0.83	9	0.71	5.96	7.25	20.00
0.81	9	0.68	5.39	7.50	20.00
0.97	17	1.00	13.16	9.67	26.67
0.95	14	0.98	11.41	9.33	26.67
0.93	13	0.90	10.00	9.67	26.67
0.91	12	0.85	9.15	9.67	26.67
0.89	11	0.80	8.31	9.67	26.67
0.87	10	0.78	7.66	9.67	26.67
0.85	10	0.73	7.16	10.00	26.67
0.83	9	0.73	6.94	9.67	26.67
0.81	9	0.71	6.29	10.00	26.67
0.97	16	1.00	14.45	12.50	40.00
0.95	14	1.00	12.45	12.50	40.00
0.93	13	0.98	11.76	11.00	26.67
0.91	12	0.95	10.88	11.00	26.67
0.89	11	0.93	9.99	11.33	26.67
0.87	10	0.88	9.23	11.33	26.67
0.85	10	0.83	8.60	11.33	26.67
0.83	9	0.83	8.39	11.33	26.67
0.81	9	0.78	7.89	11.33	26.67

Simulationsergebnisse Ersatzteil 10

Parameterkonstellation für die Simulationsläufe
Glättungsparameter: 0.01
Mindestbestellmenge: 6 / 8 / 10   Stück
Wiederbeschaffungszeit: 19 Wochen
korrigierte Fassung

SG-V	BPKT	SG-R	LAG	B-UMF	BZYKL
0.97	17	0.98	11.55	8.25	20.00
0.95	15	0.95	10.65	8.00	20.00
0.93	14	0.93	9.75	8.00	20.00
0.91	13	0.90	8.85	8.25	20.00
0.89	13	0.80	8.10	8.25	20.00
0.87	12	0.85	8.05	7.25	20.00
0.85	11	0.80	7.43	7.50	20.00
0.83	11	0.80	7.39	7.25	20.00
0.81	10	0.76	6.70	7.50	20.00
0.97	17	1.00	13.35	9.67	26.67
0.95	15	1.00	12.13	9.33	26.67
0.93	14	0.98	11.23	9.33	26.67
0.91	13	0.93	10.54	9.33	26.67
0.89	13	0.90	9.78	9.33	26.67
0.87	12	0.85	9.15	9.67	26.67
0.85	11	0.83	8.39	9.67	26.67
0.83	11	0.80	8.31	9.67	26.67
0.81	10	0.78	7.66	9.67	26.67
0.97	16	1.00	14.45	12.50	40.00
0.95	14	1.00	12.45	12.50	40.00
0.93	13	0.98	11.76	11.00	26.67
0.91	12	0.95	10.88	11.00	26.67
0.89	11	0.93	9.99	11.33	26.67
0.87	10	0.88	9.23	11.33	26.67
0.85	10	0.83	8.60	11.33	26.67
0.83	9	0.83	8.39	11.33	26.67
0.81	9	0.78	7.89	11.33	26.67

Literaturverzeichnis

Abkürzungen

BB	Betriebsberater
DBW	Die Betriebswirtschaft
EJOR	European Journal of Operational Research
IO	Industrielle Organisation
IJPD	International Journal of physical Distribution
IJPR	International Journal of Productions Research
IJOPM	International Journal of Operations and Production Management
JORS	Journal of the Operational Research Society
MS	Management Science
NRLQ	Naval Research Logistics Quarterly
OR	Operations Research
ORQ	Operational Research Quarterly
ZfB	Zeitschrift für Betriebswirtschaft
ZfbF	Zeitschrift für betriebswirtschaftliche Forschung

Abramowitz, M.; Stegun, I.A. (1970)
Handbook of mathematical functions. Pover Publications, New York

Adam, D. (1970)
Entscheidungsorientierte Kostenbewertung. Gabler, Wiesbaden

Adam, A.; Helten, E.; Scholl, F. (1970)
Kybernetische Modelle und Methoden. Westdeutscher Verlag, Köln und Opladen

Alscher, J.; Schneider, H. (1981)
Zur gemeinsamen Festlegung von Lieferbereitschaft, Kapitalbindung, Handling- und Lagerkapazität für ein Mehrproduktlager. In: ZfB 51, S. 180-200

Alscher, J.; Schneider, H. (1982)
Zur Interdependenz von Fehlmengenkosten und Servicegrad. In: Kostenrechnungs-Praxis 1982, S. 257-271

Assfalg, H. (1976)
Lagerhaltungsmodelle für mehrere Produkte. In: Angermann, A. (Hrsg.): Beiträge zur Datenverarbeitung und Unternehmensforschung, Band 14, Hain, Meisenheim

Baber, R.L. (1973)
Lagerwirtschaftssystem mit EDV. In: IO 42, S. 411-415

Baetge, J. (1974)
Betriebswirtschaftliche Systemtheorie. Westdeutscher Verlag, Köln und Opladen

Baier, M. (1969)
Probleme einer bedarfsgerechten und rationellen Ersatzteilversorgung von Maschinenbauerzeugnissen. Dissertation, Technische Universität Dresden

Balintfy, J.L. (1964)
On a basic class of multi-item inventory problems. In: MS 10, S. 287-297

Beesack, P.R. (1967)
A finite horizon dynamic inventory model with a stockout constraint. MS 17, S. 618-630

Bennewitz, H.I. (1968)
Die Eigenständigkeit des absatzpolitischen Instruments Kundendienst und seine Bedeutung im modernen Marketingdenken. Dissertation, Ludwig-Maximilian-Universität, München

Brabandt, G.; Fuhr, J. (1981)
ERA - ein EDV-gestütztes Ersatzteilabwicklungs-
system. BBC-Veröffentlichung, Druckschrift Nr. D GK
1346 81 D

Brahy, P. (1972)
Die Bewirtschaftung von Ersatzteilen für unvorher-
gesehenen Verbrauch. In: Stahl und Eisen 92, S. 24-
33

Brown, R.G. (1962)
Smoothing forecasting and prediction of discrete
time series. Prentice Hall, London

Brunnberg, J. (1970)
Optimale Lagerhaltung bei ungenauen Daten. Gabler,
Wiesbaden

Buffa, E.; Taubert, W. (1972)
Production - inventory systems. Planning and control, Homewood

Burgin, T.A. (1975)
The gamma distribution and inventory control. In:
ORQ 26, S. 507-525

Burgin, T.A.; Norman, J.H. (1976)
A table for determining the probability of a stockout and potential lost sales for a gamma
distribution. In: ORQ 27, S.621-631

Burgin, T.A.; Wild, A.R. (1967)
Stock control - experience and usable theory. In:
ORQ 18, S. 35-52

Campbell, H.S. (1968)
Procurement and management of spares. In: Enke, S.
(Hrsg.) Defence management, Prentice-Hall, London,
S. 186-212

Chang, Y.S.; Niland, P. (1967)
A modell for measuring stock depletion costs. In:
OR 15, S. 427-447

Cohen, M.A.; Pekelman, D. (1978)
LIFO inventory systemy. In: MS 24, S. 1150-1162

Crouch, R.B.; Oglesby, S. (1978)
Optimization of a few lot sizes to cover a range of
requirements. In: JORS 29, S. 897-904

Curley, M.J. (1978)
Service-levels and average stockholding in a re-
order level system. In: JORS 29, S. 803-805

Elsner, H. (1972)
    KHD - Neue Vertriebsorganisation für Ersatzteile
    (I). In: Distribution 11, S. 12-16

Eilon, S. (1965)
    On the cost of runouts in stock control of
    perishables. In: Henn, R. (Hrsg.): Operations
    Research Verfahren II, Meisenheim, S. 65-76

Finger, P. (1970)
    Die Verpflichtung der Hersteller zur Lieferung von
    Ersatzteilen. In: Neue Juristische Wochenschrift
    23, S. 2049-2052

Fortuin, L. (1980)
    Five popular probability density functions: A
    comparison in the field of stock-control models.
    In: OR. 31, S. 937-942

Fortuin, L. (1984)
    Initial supply and re-order level of new service
    parts. In: EJOR 15/3, S. 310-319

Gardner, E.S. Jr.; Dannenbring, D.G. (1979)
    Using optimal policy surfaces to analyse aggregate
    inventory tradeoffs. In: MS 25/8, S. 709-720

Grochla, E. (1978)
    Grundlagen der Materialwirtschaft. 3. Auflage,
    Gabler, Wiesbaden

Hadley, G.; Within, T.M. (1963)
    Analysis of inventory systems. Prentice-Hall, Engle-
    wood Cliffs, N.J.

Heilig, H.; Gerke, S. (1973)
    Reserveteilwirtschaft in Hüttenwerken. In: Stahl
    und Eisen 93, S. 1114-1119

Heinen, E. (1976)
    Grundlagen betriebswirtschaftlicher Entscheidungen.
    3. Auflage, Gabler, Wiesbaden

Heinen, E. (1983)
    Industriebetriebslehre, Gabler, Wiesbaden

Henn, R.; Künzi, H.P. (1968)
    Einführung in die Unternehmensforschung II.
    Springer, Berlin-Heidelberg-New York

Henrici, P. (1964)
    Elements of numerical analysis. Wiley, New-York

Heuer, G. (1981)
    Ersatzteilwesen und Lagerhaltung. In: Warnecke,
    H.J. (Hrsg.); Instandhaltung, Verlag TÜV - Rhein-
    land S.431 -455

Hochstädter, D. (1969)
    Stochastische Lagerhaltungsmodelle. Springer Verlag,
    Berlin-Heidelberg-New York

Hollier, R.H. (1980)
    The distribution of spare parts. In: IJPR 18,
    S. 665-675

Holt,C.C.; Modigliani,F.; Muth,J.F.; Simon,H.A. (1960)
    Planning production, inventories, and work force.
    Prentice Hall, Englewood Cliffs

Holzmann, H. (1978)
    Untersuchungen zum Einfluß der Erzeugnisentwicklung
    auf die Senkung des Ersatzteilbedarfs. Dissertation
    Karl-Marx-Stadt

Höhne, E. (1956)
    Die Instandhaltungs- und Reparaturkosten. In: Stahl
    und Eisen 76, S. 1273-1283

Hummel, S. (1981)
    Relevante Kosten. In: Kosiol, E; Chmielewicz, K;
    Schweitzer, M. (Hrsg.): Handwörterbuch des Rech-
    nungswesen, 2. Auflage, Sp. 968-974

IBM (1965)
    IMPACT-Handbuch, Teil 1, IBM Form 80582, IBM
    Deutschland

Ihde, G.B.; Lukas, G.; Merkel, H.H.; Unshelm, R. (1980)
    Ersatzteil - Logistik, Grundlagen und empirische
    Ergebnisse. In: Schriftreihe der Bundesvereinigung
    Logistik e.V., Band 2, Bremen

IHK (1986)
    Schriftliche Mitteilung II/Wa vom 30.1.1986.
    Industrie und Handelskammer zu Bochum.

Johnson, E.L. (1967)
    Optimality and computation of (,S)-policies in the
    multi-item infinite horizon inventory problem. In:
    MS 13, S. 475-491

Jöhnk, M.; Rubow, G.; Wetzel, W. (1967)
    Stochastische Lagerbestandsplanung nach dem Be-
    stellpunktverfahren. In: Berichte aus dem Institut
    für Statistik und Wirtschaftsmathematik und aus dem

Institut für angewandte Statistik der Freien Universität Berlin, Heft 4, Würzburg

Kalthegener, B. (1958)
Die betriebswirtschaftliche Problematik der industriellen Ersatzteilwirtschaft. Dissertation München

Klemm, H. (1974)
Lagerhaltungsmodelle. Verlag Die Wirtschaft, Berlin

Klemm, H.; Mikut, M. (1972)
Lagerhaltungsmodelle. Verlag die Wirtschaft, Berlin

Klingst, A. (1971)
Optimale Lagerhaltung. Physica-Verlag, Würzburg-Wien

Konrad, E. (1974)
Kundendienstpolitik als Marketing Instrument von Kosumgüterherstellern. Verlag Harri Deutsch, Frankfurt-Zürich

Kottas, J.; Lau, H.S. (1979)
A realistic approach for modeling stochastic lead time distributions. In: American Institute of Industrial Engineers Transactions 11, S. 54-60

Kraus. Th. (1981)
Organisation der Instandhaltung: Ablauforganisation. In: Warnecke H.J. (Hrsg.) Instandhaltung, TÜV- Rheinland

Kroesen, A. (1983)
Instandhaltungsplanung und Plankostenrechnung. Gabler, Wiesbaden

Kühnel, W.; Spamer, P. (1976)
Vertraglich vereinbarte Vorratslager für Ersatzteile von Maschinen und Anlagen. In: BB 31, S. 339-344

Lau, H.S.; Zaki, A. (1982)
The sensitivity of inventory decisions to the shape of lead time-demand distributions. In: American Institute of Industrial Engineers Transactions 14, S. 265-271

Lewandowski, R. (1974)
Prognose- und Informationssysteme und ihre Anwwendungen - Band 1, de Gruyter, Berlin-New York

Lo, L. (1982)
    Prognoseinformation für kundendienstpolitische Ent-
    scheidungen. In: Meffert, H. (Hrsg.); Kundendienst-
    Management, Lang, Frankfurt, S. 31-80

Männel, W. (1968)
    Wirtschaftlichkeitsfragen der Anlagenerhaltung.
    Gabler, Wiesbaden

Männel, W. (1980)
    Wechselwirkungen zwischen Anlagenwirtschaft, Pla-
    nung und Unternehmenserfolg. In: BB 33, S. 2145-
    2150

MBB (Messerschmitt-Bölkow-Blohm) (Hrsg.) (1977)
    Technische Zuverlässigkeit. Problematik - Mathema-
    tische Grundlagen - Untersuchungsmethoden - Anwen-
    dungen. Springer, Berlin-Heidelberg-New York,
    2.Auflage

Meffert, H. (1982)
    Kundendienst-Management. Lang, Frankfurt

Mertens, P. (1981)
    Prognoserechnung. Physica-Verlag, Würzburg-Wien
    4.Auflage

Micklas, W.E. (1976)
    Measuring customer response to stock-outs. In: IJPD
    9,5, S. 212-242

Miebach, J. (1972)
    KHD - Zentrales Ersatzteillager mit neuer Organi-
    sation (II). In: Distribution 11, S. 18-22

Moore, J.R. (1971)
    Forecasting and scheduling for past-model replace-
    ment parts. In: MS 18, S. B200-B213

Naddor, E. (1971)
    Lagerhaltungssysteme. Deutsch, Frankfurt-Zürich

Naddor, E. (1978)
    Sensitivity to distributions in inventory systems.
    In: MS 24, S. 1769-1772

Neumann, K. (1977)
    Operations Research Verfahren, Band I-III, Hauser,
    München-Wien

Palandt; Heinrichs (1986)
    BGB. 45. Auflage, Beck, München

Pearson, K. (1895)
    Skew variation in homogeneous material. In:
    Philosophical Transactions of the Royal Society
    186, S. 343-414

Peterson, R.; Silver, E.A. (1979)
    Decision systems for inventory management and
    production planing. Wiley, New York

Pfohl, H.C. (1972)
    Marketing-Logistik. Gestaltung, Steuerung und Kon-
    trolle des Warenflusses im modernen Markt. Distri-
    butionsverlag GmbH, Mainz.

Prichard, J.; Eagle, R. (1965)
    Modern inventory management. Wiley, New York

Ramm, P. (1965)
    Fortwirkung von Verträgen, insbesondere von Liefer-
    verträgen. Dissertation, München

Rebmann, K; Säcker, F.-J. (1979)
    Münchener Kommentar zum BGB, Band 2, Beck'sche
    Verlagsbuchhandlung, München

Redeker, G. (1973)
    Bestimmung des optimalen Lagerbestandes an In-
    standhaltungsmaterial und Ersatzteilen. Beuth-Ver-
    trieb GmbH, Berlin-Köln-Frankfurt

Reinking; Eggert (1984)
    Der Autokauf. Düsseldorf 2. Auflage

Renkes, D. (1974)
    Reserveteilwirtschaft. In: Stahl u. Eisen 94,
    S. 87-93

Roberts, D. (1962)
    Approximations to optimal policies in a dynamic
    inventory model. In: K.J. Arrow; S. Karlin; H.
    Scarf: Studies in applied probability and manage-
    ment science, Stanford University Press, Standford

Rodig, H.D. (1971)
    Verpflichtung des Herstellers zur Bereithaltung von
    Ersatzteilen für langlebige Wirtschaftsgüter und
    ausgelaufene Serien. In: BB 1971, S. 854-855

Ronen, D. (1983)
    Inventory service levels - comparison of measures.
    In: IJOPM 3, 2, S. 37-45

Ross, S.M. (1970)
    Applied probability models with optimization
    applications. Holden-Day, San Francisco

Roth (1985)
    Münchener Kommentar zum BGB. 2. Auflage

Rutz, K. (1970)
    Entwicklung eines Bewirtschaftungsmodells für die
    Berechnung von Sicherheitsbeständen bei gemischt
    stochastisch-deterministischem Bedarf. Disser-
    tation, Zürich.

Rutz, K. (1975)
    Gemeinsame Optimierung von Losgröße und
    Sicherheitsbestand. In: IO 44, S. 140-145

Sachs, L. (1974)
    Angewandte Statistik. 4. Auflage, Springer, Berlin-
    Heidelberg-New York

Schmeiser, B.W.; Deutsch, S.J. (1977)
    A versatile four parameter family of probability
    distributions suitable for simulation. In: American
    Institute of Industrial Engineers Transactions 9,
    S. 176-181

Schmid, O. (1977)
    Modelle zur Quantifizierung der Fehlmengenkosten
    als Grundlage optimaler Lieferservicestrategien bei
    temporärer Lieferunfähigkeit. Deutsch-Verlag,
    Zürich

Schneeweiß, Ch. (1979)
    Zur Problematik der Kosten in Lagerhaltungsmodel-
    len. In: ZfB 49, S. 1-18

Schneeweiß, Ch. (1981)
    Modellierung industrieller Lagerhaltungssysteme.
    Springer-Verlag, Berlin-Heidelberg-New York

Schneider, H. (1978)
    Methods for determining the re-order point of an
    (s,S) ordering policy when a service level is spe-
    cified. In: ORQ 29, S. 1181-1193

Schneider, H. (1979)
    Servicegrade in Lagerhaltungsmodellen. Marchal und
    Matzenbacher, Berlin

Schneider, H. (1980)
    A survey of service-levels in inventory models. In:
    Arbeitsbericht 5/80 des Institutes für Quantitative

Ökonomik und Statistik, Fachrichtung Operations
Research, FU Berlin

Schulz, C.E. (1951)
Die Anlageneinheiten. Grundsätze zur Unterscheidung
zwischen aktivierungs- und nicht aktivierungs-
pflichtigem Aufwand. In: Die Wirtschaftsprüfung 4,
S. 337-341

Schwab, W. (1982)
Die Träger von Instandhaltungsleistungen im An-
lagengeschäft. Duncker u. Humblot, Berlin

Schwartz, B.L. (1966)
A new approach to stockout penalties. In: MS 12,
S. B538-B544

Soom, E. (1976)
Optimale Lagerbewirtschaftung in Industrie, Gewerbe
und Handel. Haupt, Bern

Spring, R. (1975)
Modellvergleiche in der Lagerbewirtschaftung.
Dissertation, St. Gallen

Starr, M.K.; Miller, D.W. (1962)
Inventory Control. Prentice-Hall, Englewood Cliffs

Staudinger; Schmidt (1983)
Kommentar zum BGB. 12. Auflage, Schweitzer, Berlin

Steffen, R. (1973)
Analyse industrieller Elementarfaktoren in produk-
tionstheoretischer Sicht. Berlin

Tadakimalla, P.R. (1978)
Application of the Weibull-distribution in
inventory control. In: JORS, S. 77-83

Taylor, P.B.; Lampkin, W. (1976)
Viewpoint on the gamma distribution and inventory
control. In: ORQ 27, S. 385-386

Tempelmeier (1983)
Quantitative Marketing-Logistik. Springer, Berlin-
Heidelberg-New York-Tokyo

Tijms, H.C.; Groenevelt, H. (1984)
Simple approximations for the periodic review and
continuous review (s,S) inventory system with ser-
vice level constraints. In EJOR 17, S. 175-190

Trux, W. (1968)
    Einkauf und Lagerdisposition mit Datenverarbeitung.
    München

VDMA (1983)
    Ersatzteillieferungen. In: VDMA-Maschinenbau-Nach-
    richten 3, S.5-6

VDMA (1986)
    Schriftliche Mitteilung 610-6 Ur/Gü vom 30.1.1986.
    Verband Deutscher Maschinen- u. Anlagenbau, Abt.
    Recht und Wettbewerbsordnung, Frankfurt

Voigt, J.P. (1973)
    Erfassung, Auswertung und Nutzung von Schadendaten
    in der Eisen- und Stahlindustrie. Dissertation TU
    Braunschweig

Walters, D. (1974)
    The cost of stock out. In: IJPD 5, S. 36-48

Warnecke, H.J. (1981)
    Instandhaltung - Grundlagen. Verlag TÜV-Rheinland

Warnecke, H.J.; Kraus, T. (1983)
    Ersatzteile zur Instandhaltung lassen sich besser
    bewirtschaften. In: Management Zeitschrift 52, S.
    87-90

Wäscher, G. (1982)
    Innerbetriebliche Standortplanung bei einfacher und
    mehrfacher Zielsetzung. Gabler, Wiesbaden

Wedekind, H. (1968)
    Ein Vorhersagemodell für sporadische Nachfragemen-
    gen bei der Lagerhaltung. In: Ablauf und Planungs-
    forschung 9, S. 1-11

Wilke, F.L. (1981)
    Bestimmung von Ausfällen und Störungen an
    Baugruppen des im Metallerzbergbau eingesetzten
    Fahrlader, Untersuchung ihrer Charakteristiken und
    Auswirkungen auf die Kosten des Gesamtbetriebes.
    Forschungsbericht Nr. 4397, Institut für Bergbau-
    kunde und Bergwirtschaftslehre TU Clausthal

Williams, T.M. (1984)
    Stock control with sporadic and slow-moving demand.
    In: JORS 35, S. 939-948

Zocher, H.-J. (1978)
    Die Zuverlässigkeit von Flugzeugstrukturen. In:
    VDI-Berichte Nr. 307, S. 33-42